にっぽん電化史4

万博と電気

橋爪紳也・西村陽［編著］
都市と電化研究会［著］

日本電気協会新聞部

はじめに

「都市と電化研究会」では、わが国における「電化」の歴史を、様々な側面から捉えてきた。私たちの関心の対象は、電気事業の変遷、すなわち供給側の視点にとどまる電気事業史ではない。主たるエネルギーが電力に転じるなかで、生活がいかに変革されたのか、消費者の立場からも、その来し方、行く末を多角的に論じることに重きをおいてきた。

さかのぼれば大正末から昭和初期、電力の普及によって社会は一変した。工場の電化、信号の系統化による交通機関の効率化と安全性の向上、通信の発展による情報化の進展、電気ポンプによる農業の改善など事例は多岐にわたる。各領域で効率化と合理化が達成された。社会の「電化」は、同時に生活の「電化」をも促す。電気照明は、夜の過ごし方を抜本的に改めた。家電製品は、私たちの日常の利便性を高めてくれた。またラジオ放送は農村などの時間概念を改革、規律ある生活をもたらした。すべては電化を前提としたライフスタイルの革新であった。端的にいえば、「電化」とは近代化そのものであり、なによりも文明の進歩であった。

「電化」は、今、この瞬間も、世界を改革し続けている。私たちの日常は、もはやスマートフォンとインターネットなしには考えることができない。ネット社会やウェブ環境を媒介とすることなしには、仕事もプライベートの交流も成立しない。スマホが数時間、アクセス不能になっただけで社会は混迷を来す。災害時の避難所にスマホの充電設備が不可欠であることも自明になった。現代人は軽重の差はあれ、スマホ依存症であり、ネット依存症の人が少なくないように思える。

一方、従来、人間が果たしていた役割を、IoT（モノのインターネット）などの機器が補ってくれるようになった。航空機や列車などにとどまらず、自動車の自動運転化技術も日進月歩である。AI（人工知能）の発達によって、多くの労働が機械に代替されるという予測もある。

現代社会は、様々な電気機器との共生のうえで成り立っている。いずれ私たちの身体も、電化された機器群と一体化していくことになるのだろう。もはや「電化」を遂げる以前の時代に戻ることは想定できない。私たちの「電化」への依存度はいっそう高まり、社会の「電化」もいっそう深化することだろう。

「都市と電化研究会」では、「電気新聞」の紙面連載をもとに、「にっぽん電化史」のシリーズ名で単行本を出版してきた。

一冊目となる『にっぽん電化史』は、発電事業の黎明期である明治時代から昭和戦前期までの出来事を、主題ごとに総覧したものだ。続く『災害と電気―にっぽん電化史2』では、地震や風水害などの災害時にあって、電気事業者が課題に対処してきた経緯を検証した。そして『にっぽん電化史3　未来へ紡ぐ電化史』は、戦後復興から高度経済成長に至る電化の足跡を論じ、さらに将来像を模索した。

これらの著作に続く本書では、大規模なイベントと「電化」の関係、とりわけ博覧会と「電化」の関係性に焦点をあてることにしたい。

回顧すれば国家的なイベントが、社会や生活の電化を促す契機となった先例がある。たとえば一九二八年(昭和三年)、各地で実施された即位大礼を奉祝する記念事業などが一例だろう。東京や大阪など主要な都市では、商店街や町内会が祝祭の夜を明るく照らすべく、街路灯や装飾照明を設置した。賑わいをもたらすイベント用の照明が、その後、恒常的な電灯の普及の先鞭となった。

放送や通信の普及もイベントと無縁ではない。ラジオ放送の初期には、甲子園の全国中等学校優勝野球大会や神宮での六大学野球など、いわゆるスポーツイベントが人気を集めた。また一九五九年の皇太子殿下のご成婚、一九六四年の東京オリンピックが、各家庭がテレビを購入する理由となった。ご成婚パレードの視聴者は、全国で一五〇〇万人を数えたという。テレビの普及率は、一九六八年には白黒で九六・六%、カラーが一〇・九%を数えるまでになった。

二〇〇〇年の大晦日、インターネットの普及をはかり、コンテンツの充実を促すべく、「インターネット博覧会」が開幕した。ウェブ上に五〇七のパビリオンを設けて、トップページへのアクセスは五億三三〇〇万回を数えたという。イベントの成否はさておき、高度情報化社会の先触れとなる国家イベントであった。

二〇二〇年、東京で二度目のオリンピック・パラリンピックが開催される。また二〇二五年には、大阪で国際博覧会が実施される。日本は引き続き、世界的なビッグイベントのホスト役を担うことになる。

本書では、様々な国家的なイベントのなかでも、私たちの生活と「電化」の関係を考えるうえで重要な役割を担った一九七〇年大阪博覧会に焦点をあてることにしたい。併せて日本各地で開催された国内博覧会、地方博覧会の類も射程に入れたいと考えている。本書を通じて、イベントを媒介とした「電化」の歴史について、再認識していただければ幸いである。

都市と電化研究会代表
大阪府立大学研究推進機構特別教授
橋爪紳也

Contents

序章

本書は、わが国にあって開催された各種の博覧会と「電化」の歩みについて論じるものである。まずこの章では、その前提となる枠組みについて論じておきたい。

博覧会と「電化」との関係は、産業革命の歩みに沿って説明することが可能である。博覧会という仕組みは、産業革命の発祥地である英国で創案された。世界で最初の国際博覧会は、一八五一年、二五カ国の参加を得てロンドンのハイドパークで実施された「大博覧会（The Great Exhibition）」である。大英帝国の首都に世界中の物産を集め、鉄骨とガラスで構築された巨大な展示施設「水晶宮」に陳列しようとする国際的な見本市である。

第一次産業革命は、一八世紀末以降、欧州を起点とし、やがて世界中に影響を及ぼした。水車動力や蒸気機関のエネルギーに依存した工場の機械化によって達成される。鉄鋼や繊維関連などの製造業が勃興し、農耕中心であった従来の社会を改革し、工業化、近代化、都市化が促された。夜間における工場の労働を効率化する電気照明が注目されたほかは、この時期の博覧会では、電気に関する技術はまだ着目されるには至っていなかった。

第二次産業革命は、一九世紀末から二〇世紀前半に顕在化する。分業に基づく大量生産システムが導入され、製鋼、石油化学、電気関連事業などの新領域が近代化する。同時に大量消費も始まる。

この時期の変革を支えたのが発電技術の進化に応じて、大都市に大量供給されるようになった電力であった。博覧会場にあっては、「電気」が主役の座を奪う。

一九〇〇年、パリでまさに「電気」を主題とする万国電気博覧会が開催された。会場内には五〇種類のアーク灯と白熱電球が出展された。注目されたのが、炭化された竹をフィラメントに用いたエジソンの白熱電球である。その後、エジソンはシャンゼリゼに展示場を設置し、一六燭光の電球一二〇〇個を点灯した。多くの企業家が、エジソンの特許を得て、事業化をしようと試みたという。

万博と電化の関係をみると、一八九三年のシカゴ万博が注目される。電気技術を応用する可能性が示された。会場内でもっとも人気を集めた展示館が電気館である。ゼネラル・エレクトリック（GE）は「電気の塔」や直流型の発電機を出展、ウエスチングハウス（WH）の交流型発電機と競い合った。

場内には約一二万本の電灯が用意された。開会式に臨席した大統領がボタンを押すと、電気館の発電機が始動、電動の噴水が動き出すという演出が行われた。シカゴの市街地と万博会場とは電車で連絡された。会場内には、循環式の高架電車が運行、運河には電気動力のボートが航行した。桟橋には電気モーターで駆動する「動く歩道」が設置された。建築群のライトアップ、さらには夜間のイルミネーションも評判となった。

以後、二〇世紀前半まで、欧米各地で実施された万博では、様々な電気製品と電気技術を応用した展示が展開されることになる。電力モーターを使用した噴水や電気照明を使った会場照明などの演出も、さかんに行われるようになった。

第三次産業革命は、一九七〇年代から始まったとされる。電子工学や情報技術を用いた自動化の進歩などに特徴がある。さらに一九八〇年代になると、アナログ回路や機械デバイスからデジタル技術への転換が始まる。この時期の博覧会は「情報」が主役となる。一九六七年のモントリオール万博や一九七〇年大阪万博などでは、巨大映像やマルチスクリーンなど、様々な手法が展開された。博覧会が、現在のデジタル社会、高度情報化社会の黎明を告げる機会となった。

近年、第四次産業革命の必然性が世界的に議論されるようになった。ロボット工学、人工知能（ＡＩ）、ナノテクノロジー、量子コンピューター、ライフサイエンスなどの技術革新を前提に、従来の大量生産かつ画一的なサービスから、個々にカスタマイズされたサービスを提供する産業への移行が求められている。具体的な技術としては、ＩｏＴ（モノのインターネット）、自動車などの自動運転、３Ｄプリンターの応用などがある。国際博覧会のありようも変化することになるだろう。

日本ではどうであったか。明治時代、欧米の博覧会を視察した政府関係者や経済人たちは、文明開化と殖産興業を啓蒙するためにも、同様の産業見本市を国内でも開催することが重要であることを強調した。

そこにあって、電化した社会のモデルが示される。明治時代の博覧会では、一八九〇年（明治二三年）の第三回内国勧業博覧会にあって、東京電燈会社が日本初の路面電車を走らせたことが注目される。続く、京都での第四回内国勧業博覧会では市街電車の営業運転が始まる。一九〇三年、大阪での第五回内国勧業博覧会では、会場全体を彩るイルミネーション、光学を演出に使ったシアター、巨大な冷蔵庫などが人気を集めた。

ついで大正時代から昭和初期にかけては、欧米と同様に、わが国の博覧会においても、照明や交通、通信や放送など電化に関わる領域が重視される。あわせて、東京や大阪などで電気を主題とする博覧会も実施されるようになる。

一例として、一九二八年（昭和三年）一〇月一日から大阪で開催された「大礼奉祝交通電気博覧会」を紹介しておこう。市電の二五周年と電灯経営五周年を記念するべく、天王寺公園一帯で大阪市が主催したものだ。

第一会場では勧業館を本館とし、陸の交通館、電熱館、照明館、発電館、電力館、世界一周館、水の交通館、電気廉売館などで構成された。陸の交通館では、計画中の地下鉄と広幅員の街路、高層ビルからなる近未来の都心の断面模型が目玉であった。また電熱館には、理想的電化住宅、工場電化、電気実演料理場など、照明館には理想的照明街路灯、水銀灯利用の大森林、夜景演出などがあった。

第二会場となる博物館内には、大礼参考館のほか、通信館、電気衛生館があり、交通や電気に関わる活動写真を上映するとともに、階下に「ラジオの将来」の展示があった。さらに旧住友邸を第三会場とし、農事電化の出展が行われた。

イベント会場には、電気機器の紹介だけではなく、電化によって実現する合理的な生活と都市の繁栄が示されていた。多くの市民の関心を喚起したのだろう、二カ月の期間中に一〇〇万人を超える入場者があり盛況であったという。電気を主題に掲げる博覧会場は、近未来に到達するであろう、電化生活のショーケースであった。

3

第二次世界大戦の敗戦ののち、戦後復興を進める段階にあって、博覧会は再び、電化を喧伝する場として利用される。

たとえば大阪の復興博覧会では、街頭テレビが人気を集めた。また米国を主題とする博覧会も開催される。そこでは家電製品があふれる米国流の豊かな消費生活が展示され、人々の憧れを喚起した。さらにはGHQの支援を受けつつ、原子力の平和利用をテーマとする博覧会が各地を巡回した。私たちは時代の節目ごとに、電化がもたらす近未来の可能性を、博覧会場で目視してきたわけだ。

次に大きな転機となったのが、一九七〇年に開催された大阪万博である。さかのぼれば、日本での万博開催を求める機運は明治時代からあった。ようやく一九四〇年（昭和一五年）に、「紀元二六〇〇年記念日本万国博覧会」の誘致に成功、オリンピックと同時に東京開催で準備が進められる。前売り券も販売された。しかし日中戦争が激化する中、国際的な支持を失い、中止の憂き目を見る。会場に到るアクセス道路として整備された勝鬨《かちどき》橋が「幻の東京万博」の遺産である。

戦後復興、高度経済成長を経て、東京オリンピックの成功に続く国家プロジェクトとして、万博誘致の機運が再度、高まる。千葉や滋賀、兵庫などが候補地として名乗りをあげるなか、最終的に大阪の千里丘陵での開催が実現する。

一九七〇年日本万国博覧会、いわゆる大阪万博には、海外から七六カ国、四国際機関、一政庁、九州市・二企業、国内から日本政府も含め三二団体が参加した。入場者は当初は三〇〇〇万人と計画されたが、最終的に六四二一万八七七〇人を数えることになる。いずれも、それまでの万博の記録を更新するものだ。

「人類の進歩と調和」がテーマに掲げられた。会場には、異文化に触れる機会が随所にあった。「月の石」を目玉とした米国館に対して、ソ連はレーニンの生誕一〇〇年を祝うと同時に宇宙船を展示して話題になった。

大阪万博の会場にあって、私たちは様々な技術革新に驚かされることになる。たとえばパビリオンの建設にあたっては、空気膜構造、カプセル建築、ジャッキアップ工法など、新たな建築技術が試行された。もちろん電化に関連する新しいサービスやアイデアも、博覧会場で展開されていた。

大阪万博は、「電化」の歴史にあっても意義のあるイベントであった。企業パビリオンは、巨大映像やマルチ映像、電子音楽、ロボットやコンピューターなどを駆使して、ユニークな出展を競い合った。三菱未来館の火山などの疑似体験、日立グループ館のフライト・シミュレーター、自動車館の自動運転によるゲーム、手塚治虫がプロデュースしたフジパン・ロボット館、サンヨー館の「人間洗濯機」や未来のキッチン、IBM館のコンピューターを用いた物語作成、電気通信館の携帯電話など、いずれも近未来の生活を予感させるものであった。

運営にも新技術が応用された。関係者は連絡用にポケベルを持ち歩き、迷子センターには遠隔地の親子を対面させるテレビ電話が設置された。また中央で制御する情報提供システムや地域冷房システムなどの設備面、「動く歩道」やモノレールなど会場内交通の工夫もあった。敦賀や美浜の原子力発電所から会場への送電に成功したことも話題となった。

万博は、全国的な旅行ブームも喚起した。東京と新大阪を連結する東海道新幹線を利用する人が急増、新幹線は会場外にある「パビリオンのひとつ」であると国鉄は宣伝した。万博の会場は、連日、多くの入場者を受け入れる、半年間に期間を限った「仮設都市」である。会場全体が「社会実験」の場となったといってもよいだろう。

4

大阪万博の成功体験を背景として、わが国では地方博覧会が流行する。また二〇世紀後半にかけて、沖縄の国際海洋博、つくばの科学万博、一九九〇年の大阪花博と国際博覧会の開催が続くことになる。

近年になって、博覧会はさらなる変化を求められている。世界各地に巨大な展示会場が建設され、分野ごとの展示会がさかんに行われるようになった。また最新商品はショールームや大型商業施設で常時、目にすることができる。総合的な産業見本市という博覧会の存在意義そのものが、問われるようになる。国際博覧会は役割を終えたという議論もなされるようになった。

これを受けて二〇世紀末から二一世紀初頭にかけて、新たな博覧会のあり方が模索された。「博覧会国際事務局（BIE）」は国際博覧会のあり方を再定義、人類が共通して直面している課題に対して正面から対峙、各国が叡智を集めて解決策を示す場となることが求められることになる。この潮流を受けて、わが国では二〇〇五年の愛・地球博、二〇二五年の大阪・関西万博という「新しい時代」の国際博覧会が企図される。

以下の各章では、ここで示した時代区分に従って、博覧会と「電化」をめぐる諸相について、様々な論点から検証していく。それは単に過去を省みる作業ではない。過去から現在、そして近未来の可能性を見据えるために、歴史的なパースペクティブと複眼的な視座を提供する試みである。

第1章
電気と博覧会の出会いと共鳴

1 電気の誕生期と博覧会

ここ百数十年の万国博覧会を牽引してきた電気・電化と博覧会のかかわりを、電気のライフサイクルに照らし合わせながら振り返ってみよう。

電気が初めて人々の実利に応える技術となったのは、一九世紀前半から中盤のアーク灯の発明、それに続く電球の発明であり、さらにその普及のきっかけとなる応用製品が登場したのは一九世紀後半の米国であった。米国にはトーマス・エジソンと、エジソンの技術を展開・発展させ、ひいては今日の電気の供給システムの完成に寄与したニコラ・テスラがいたからである。

エジソンとテスラが活躍した電気の誕生期は、博覧会の歴史でいえば一八八九年のパリ万博と一八九三年のシカゴ万博の開催時期にあたる。

電気事業全体にとって実はシカゴ万博は大きな転換点であった。当時対立関係にあったエジソンを源流とするゼネラル・エレクトリック（GE）と、テスラが交流システムを提供したウエスチングハウス（WH）が、ナイアガラ開発公社が行った入札に参加し、結果的に発電はWHの二相交流、送電はGEの三相交流が採用された。万博が当時の直流／交流論争に決着をつけ、そののち一〇〇年以上にわたる電気事業の供給側のスタイルを決定づけることとなったのである。

現在に至る三相交流発電・送電・配電の仕組みは、その後二〇世紀前半の電気利用技術のイノベーションを受け、多くの発電所のネットワーキング、需給運用・系統運用による安定供給システムへと発展し、以降の博覧会はもちろん、社会全体を支えていくことになる。とはいえ、少なくとも一九一〇年代までの電気は、実際に生活や工業・商業に使うには高いハードルがあり、事業として決して順調なものではなかった。

例えばアーク灯は素晴らしく明るかったが、非常に高価な蓄電池を用いていた結果、短時間しか使うことができず、電球は耐久性と明るさ、コストの面で家庭用照明としてランプに勝つことさえできなかった。要はあくまで短期博覧会用の見世物技術だったのである。この時期日本で起業したいくつかの電灯会社の経営が困難を極め、特に地方での起業者が次々と破たんしていったのは、この「イメージとしての先進性」と「電気の商品としての実力」のギャップによるものに他ならない。

ところが、こうした博覧会が決して侮れないのは、展示された技術やコンセプトが、時間が経つとイノベーションによって相当の確率で実現してしまうということである。一九七〇年の大阪万博で展示された携帯電話や自動運転はもちろん、今日当たり前の商品として生活に溶け込んでいるコンピューター、携帯電話、IoT（モノのインターネット）、ロボット、自動翻訳などはすべて、登場から数十年前の博覧会で何らかの形で人々に披露されたものであった。

二〇世紀初頭、「電気の商品としての実力」を実現したのは、一九二〇年代の電気利用イノベーションであった。代表的なのはGEやフィリップスによるタングステン電球と、各国メーカーによる産業用モーターのコストダウン・品質改良である。この二つをはじめとする数々の電気利用応用製品の登場によって、電気の需要は爆発的に増えた。供給側では発電機の大型化、送電ネットワーク形成によって電気自体の価格が大幅に低下し、電化製品や供給技術は飛躍期を迎えることとなった。

米国で空前のブームとなったニューヨーク、シカゴ、サンフランシスコなど各都市のワールドフェア（総合商業展）では、様々な電気のショーと合わせて、各種のマツダランプ（タングステン電球）や扇風機、ミシン、ラジオの家庭用最新モデル、さらには業務用空調や発電機までが展示され、電気の最先進国米国の地位を確固なものとすることになった。

電気のイノベーションと米国

電気の発見は古い。電気(エレクトリシティ)の語源がギリシャ語の琥珀(エレクトロン)から来ているように、琥珀をこすると起きる静電気現象は紀元前から知られていたし、今日電気とは切っても切れない器具である磁石の基本性質も一三世紀にペレグリヌスによって著されている。にもかかわらず、電気が実際の社会に役立つ機器・システムに結実する一九〇〇年近くまで、なぜ七〇〇年近くもの長い時間がかかったのだろうか。

例えば一八世紀の英国で起こった産業革命(蒸気機関)の場合、一七世紀末に蒸気の動力利用の可能性がパパン(フランス)、セイヴェリ(英国)、ニューコメン(英国)といった人々によって指摘・試作されてから、一七六九年のジェームズ・ワットによる蒸気機関の完成＝石炭の時代の到来＝まで数十年しかかかっていない。米倉誠一郎「経営革命の構造」(岩波新書)によれば、当時英国には、発明家自身、そして新発明へ投資する人といった集積があったからこそ(決してワット自身の天才性ではなく)、「場の力」として蒸気機関が生まれたという。すなわち、「場」の形成が蒸気の利用を一気に進めたことになる。

これに対して産業革命の一〇〇年後、「電気」のイノベーションがなぜ米国で起きたのだろうか。言い換えれば初期の電気文明や電化を作り出したエジソン、テスラ、ベルといった人たちの活躍の場はなぜ米国だったのだろうか。実は理論科学・先端研究の分野で米国人の貢献はわずかであり、イノベーションの中心地が米国だったことはある意味不思議である。その不思議を解く理由として、実は「発明大国・米国」という当時の特性をあげることができる。

二〇〇四年に英国図書館の司書であるスティーブン・ヴァン・ダルケンという発明史研究家によって書かれた『アメリカ発明史』という本がある。ここには米国の発明黄金期ともいえる一九世紀終盤から二〇世紀序盤にわたる生活品から娯楽品、スポーツ用品、調理機器までのありとあらゆる発明品が当時の図解付きで収録されており、いかに米国のこの時期の発明品が以降の米国と世界を牽引したかを見ることができる。

ベビーカー（一八八四年）、ボードゲームのモノポリー（初期のもの、一九〇三年）、野球のキャッチャーマスク（一八七八年）、アイスキャンデー製造機（一九二四年）などは今日でも世界中で使われているし、他にも当時の米国をしのばせるおぶいひも（だっこひも）、葉巻用ラベル、ファッションデザイナーゲーム、窓付き封筒等ありとあらゆる発明品の記録が残っている。英国産業革命の事例から容易にわかることだが、これだけの発明品を支える部品工業や加工工業が既に米国にひしめき合い、協力していたことになる。

これだけ夥しい発明品が米国で記録されているのは、合衆国憲法（第一条第八項目）に特許権が明確に規定され、（出願順ではなく発明順で）個人に帰属するというルールが世界のどこよりも厳格に運用されたことによる。一八九八年から一九〇一年まで米国特許庁長官をつとめたチャールズ・デュエルは、議会に対して「発明できるものは発明されてしまった」と述べているし、一九一一年には米国の特許は一〇〇万件に達した。

つまり、われわれが発明王エジソンの伝記で知る電球、発電機、キネトスコープ（映画）、蓄音機、トースター等数多くの発明品や特許は、一〇〇万件のごく一部ということになる。こうした新技術や新商品への熱気の中にエジソンやニコラ・テスラがおり、結果として米国が電気を中心とした「発明のふるさと」となり、その結実がこの時期の万国博での電気展示だったということであろう。

イノベーションの過程には、システム間競争もある。初期万国博の時代、すなわち電気技術の揺籃期の大事な出来事として当時米国を席巻したエジソンとテスラのいわゆる直流／交流の争いがある。

電気のシステム間競争である直流／交流の争いの場合、重要なファクトはある段階まで直流システムが世界中で採用され、一旦定着していたということである。テスラが簡単に電圧を変えることができ、大容量化してもロスの少ない交流に着目し、交流多相発送電のアイデアを固め始めた一八八〇年代中盤には、ニューヨークエジソンはじめ欧米の初期の電灯会社が皆、直流システムで開業準備に入り、日本でもエジソンの直弟子である藤岡市助が東京電燈の設備建設にかかっていた。

エジソンがなぜ弟子であったテスラの交流システムを認めず、結果として不倶戴天の敵同様になってしまったかについて、テスラについての著作が多いテスラ研究所所長の新戸雅章は「本質的な二人の違い」として、エジソンが基本的に母親を家庭教師とした独学の人で、数学や物理に堪能とはいえなかったことをあげている（『知られざる天才ニコラ・テスラ』、平凡社新書）。確かに多相交流の本質的な優位性を理解するには理工的素養が必要であり、なおかつ「電球販売」というエジソンの基本的な目的も、技術への見る眼を曇らせる効果を持ってしまったのは否定できない。

その後は本格的なエジソンのGE対テスラのウエスチングハウスの泥沼の直流交流戦争になるわけだが、結果的に交流が圧倒的な勝利を収めたのには当時の「電気のふるさと」としての米国の風土が関係したように思われる。当時の米国は王室や社会の規制もなく、何よりも挑戦精神とある意味反権威主義の場であり、発明王エジソンさえゆるがない権威にはなりえなかったのである。交流が最終的に採用されたのは米国史上最大規模の博覧会、シカゴ万博（一八九三年）においてであり、この時点ではエジソンのGEとテスラのウエスチングは送電と発電を分担し、ともに交流システムで会場に電気を届けている。

この後、電気と電気事業はしばらく揺籃期が続いた後、タングステンの電球モーターの改良を経て、一九二〇年代に需要の飛躍的増加、発電の大型化、送配電・系統運用の基本システムの確立、大規模ネットワークであるいわゆるナショナル・グリッドの時代へと進んでいった。

一九二〇年代に大きな発展期を迎えた電気は、一九三〇〜五〇年代の第二次世界大戦による停滞・混乱・復興のプロセスを経て世界各国で定着期を迎えることとなった。戦災を受けた欧州や日本は電力インフラの再建と需要拡大に応じた供給力の整備に力を尽くした。もはや電気が文明の中心であり、その応用が産業技術の中核をなすことは明らかであった。

2 一九世紀のパリ、シカゴ万国博における電気展示

電気の揺籃期である一八八九年（パリ）、一八九三年（シカゴ）、一九〇〇年（パリ）の三つの万国博の様子と電気展示について概観してみよう。

一八八九年パリ万博は、博覧会ランドマークとして歴代最も有名なエッフェル塔、さらには長さ四〇〇メートル×幅一一五メートル×高さ四五メートルの円天井で支柱のない機械館（ラ・ギャレリー・デ・マシーン）に代表される見事な建築を中心とする万博であった。一八五一年にロンドンで開かれた第一回で鉄骨とガラスによる巨大な水晶宮が話題をさらって以降、常に各国の最新建築が見られた万博にあって、パリ万博はある意味決定版だったと位置付けることができる。一方、その後の万博を彩るイルミネーションや電球はまだ開発途上であり、夜景を煌びやかに演出するには至っていない。

しかしながら当時既に電話機・蓄音機・電球・発電機を発明していたトーマス・エジソンは、それらを中心に大展示場を出展した。エッフェル塔から南東に広がる現在のシャン・ド・マルス公園全体にわたる会場でその先端の機器は大きな注目を集めたという。

次に一八九三年のシカゴ万博は、コロンブスの新大陸発見から四〇〇年目という年にミシガン湖畔で開かれた。会場面積二四〇万平方メートル、入場者二七五二万人という非常に大規模化した博覧会であり、かつその会場は整然と計画された非常に美しいものであった。日本の造家学会（現日本建築学会）を代表して派遣された曽禰達蔵は「我々も万国博を日本に造る時には、ただ建物のみならず外国人を驚嘆さしむるほど美事な風景を地割りすることも必要だと感じた」と書き残している。

1889年のパリ万国博覧会
（写真：ROGER_VIOLLET）

ここでの電気展示の呼び物はイルミネーションと照明であり、アーク灯と白熱電球が会場で大きな注目を浴びた。アーク灯は一八〇八年の発明品だが、大規模なライトアップができるようになったのはこの万博からであり、白熱電球が改良されて会場展示に大幅導入されたのもシカゴからである。

1893年のシカゴ万博の日本館

さらに、この万博にはいかにも当時の米国らしい、欧州と違う先進的な電気展示が登場した。電化台所と電気鍋、レンジといったのちのちの電化生活を決定づける品々である。記録上電気利用機器はかなり前から展示されていたようだが、台所の形をとって博覧会に現れたのは初めてであった。これには当時の米国らしい理由があった。この万博では計画・開催にあたって博覧会委員会のほかに各州から選出された一五人の婦人代表による婦人委員会が設けられ、会期中には婦人会議が開かれた。これが「米国家政学協会」設立の母体となり、米国の家事改善運動の強力な推進者となって電化展示を後ろ押しし、シカゴでは湯沸かし、ボイラー、レンジ、鍋、照明もセットで展示されていた。日本を含む世界各地で初期の電化台所が展示される一九二〇年代の実に三〇年前のことである。

そして、一九〇〇年のパリ万博は一九世紀をしめくくるにふさわしく、一〇〇年間の産業、芸術、科学技術の集大成となった。この万博は、二一〇日間の会期中に五一〇〇万人の来場者を集め、パリにとっても一九世紀中に過去四回開かれた万博のレガシーを活かしつつ、それを振り返るものであった。電気にかかわる展示も、最新のイルミネーション、照明技術によるシャトー・ド・ウ（水城宮）、蓄音機の伴奏付き映画、無線電信、電話、レントゲン装置と多岐にわたり、あたかも一〇〇年間のイノベーション（その多くはラスト二〇年間のものである）の総展示であり、次の時代の先取りでもあった。パリに地下鉄が走ったのもこの万博に合わせてであり、映画はこの時点ではまだまだ未完成な技術だったが、以降一〇〇年以上にわたって人間社会の中心的な娯楽となった。すなわち、この時期の万博が電気の展示の場であるとともに、その展示がその後の電化のひな型となる、電化を加速させる、という大きな効果を持ったことがわかる。

1915年のサンフランシスコ万博

電気はこの後二〇世紀に入って飛躍期を迎え、特にイルミネーションについては一九一五年に太平洋発見四〇〇年と、パナマ運河開通を記念して開催されたサンフランシスコ万博で完成・絶頂期を迎える。まさに「見せる」「求め、あこがれられる」「それによってイノベーションが進む」という図式は、この後、米国においては頻々と開かれたワールドフェア、世界各国においては電気や産業の博覧会に脈々と引き継がれていくのである。

3 天王寺・内国勧業博覧会（一九〇三年）

日本で最初の電気に関する展示を中心とした博覧会が、一九〇三年に大阪で開催された第五回内国勧業博覧会であった。内国勧業博という行事は、明治政府が西南戦争直前の一八七七年（明治一〇年）八月の上野公園を皮切りに東京で三回、京都で一回開いてきた産業振興を目的とする展示会で、大阪での第五回博覧会は最後のものとなった。

工業所有権の保護に関するパリ条約への加入後であったことから、浅沼商会他の商事会社による外国物産の展示が初めて可能となり、結果として一九〇一年にグラスゴーで行われた万博に劣らない大規模な博覧会となった。

では、この天王寺での内国勧業博は、どのような博覧会だったのだろうか。電気の話に入る前に、大阪の発展におけるこの博覧会の意味をみておこう。博覧会の実質的な牽引役であった大阪商業会議所（現大阪商工会議所）の土居通夫（大阪電燈社長）は、一八九七年から東京、京都で続く内国勧業博の誘致活動に熱心に取り組んだが、日清戦争後の不況打開のための東京開催を推す声も多く、大阪は苦戦を強いられた。衆議院の委員会も東京一四六票、大阪一〇五票で大阪は一時敗北したが、その後無記名投入に改められた結果、大阪一二一票、東京一〇八票で逆転勝利となったという。

こうした経緯もあり、土居の博覧会への思いは強く、「博覧会は楽しくなければならず、かつ大阪の街の発展に貢献しなければならない」という一貫した哲学を持ち続けた。その結果が今までの勧業博にはなかった「不思議館」「ウォーターシュート」「快回機（メリーゴーラウンド）」といった画期的な展示を生んだのだが、合わせて「大阪のまち全体が博覧会場でなければならない」という考え方の下、中之島の大阪ホテル（現在の東洋陶磁美術館近辺）、市内全域の商店をリノベーションする「商店改良会」による店舗設備、商品陳列、顧客接遇の大改革といった、大阪の国際都市・貿易都市としての基礎も形作られた。

この内国勧業博覧会は五〇〇万人を超える破格の来場者を集め、その多くが新鮮な驚きを体験したが、中でも人々が一番びっくりしたのがそれまで前例のなかった夜間開場の下で博覧会場を照らした、国内初の電気のイルミネーションであったという。だからこそ、この博覧会は「電気の博覧会」といわれるのである。

哲学者の和辻哲郎の生涯を追った『和辻哲郎〜文人哲学者の軌跡』（熊野純彦、岩波書店）によれば、当時中学生だった和辻は、兵庫県の農村から泊まりがけで会場に出かけ、夜このイルミネーションを見た。

「夕方になってこのイルミネーションが始まると、人々は竜宮でも見るような気持ちになって、うっとりと眺めたものなのである」と本人は書き留めている。和辻によれば、当時家庭の照明は基本的にランプであり、都会でも街路照明はガス燈が始まった頃であった。夜は

内国勧業博覧会の入り口
（写真：橋爪紳也コレクション）

内国勧業博覧会のイルミネーション
（写真：橋爪紳也コレクション）

「暗い」ものであり、現代ではほとんど意識されない月の夜と闇夜の差も歴然とあった時代である。和辻は「イルミネーションはまったく驚異で、天国とはこれか、と思った」「魂を奪われる思い」とも書いており、この体験がのちの和辻哲学に多くみられる光、命、人格といった言葉の源の一つになったと考えられているのである。

和辻のような哲学者の予備軍ではなかったにせよ、このイルミネーションを見た多くの人々にとってそれは電気による一種の照明革命、文明が形をもって現れたものと感じられたであろう。しかも電気照明は会場外観だけでなく、壮大な入場門をはじめ会場内の建物群や高さ四六メートルの望遠楼（大林高塔）、話題となった高村光雲による彫刻「楊柳観音」はじめ今日のライトアップの先駆けでもあった。会場内では三万五〇〇〇個の電球が使われたが、これは日本全体で使われていた電球八五万個の四パーセントにあたる。会期中会場内のあらゆる建物を照らし続けたこの電球は、間違いなく博覧会の主役であり、博覧会の仕掛け人かつ大阪電燈社長である土居通夫の「独り勝ち」（「通天閣」、木下博民、創風社出版）ともいえた。

土居の独り勝ちの要因は、パリ万博の視察を兼ねて欧州、米国に出かけて集めてきた博覧会のヒントを応用した点にあった。会場入り口正面には八つの花弁を配した大池があり、その中の噴水はライトアップで彩色されていたが、これはスイス・ジュネーブのレマン湖畔を訪ねた際の湖中噴水のイルミネーションを再現したものであった。正門の華麗な電飾はパリ万博を真似たものであったし、その他の建築物・彫刻のライトアップもパリ万博に学んだものが多い。

さらに、この視察旅行で土居は、米国ニューヨーク州のスケネクタディにゼネラル・エレクトリック（GE）の本拠を訪ねている。冷蔵庫をはじめとする最先端の機器や研究もおそらく見学したであろうし、それらは天王寺で再現された。合わせて土居はフィラデルフィアやニューヨークの商品陳列や市場を積極的に見学し、その多くを取り込んでいった。

とはいえ、これらの展示を可能にしたのは大阪電燈の設備と技術であり、一八八九年に西道頓堀発電所、一八九一年に中之島発電所を運転開始し、近隣の市内配電網から始まった大阪電燈の供給システムは、いわゆるネットワーキングと系統運用による安定供給の近代電気事業の姿にはいまだ至っていないものの、博覧会開催までに幸町、本田発電所を増設し、供給能力は三五〇〇キロワットに達していた。一九〇三年時点としては大変な拡張ぶりであり、その後の大型水力時代の手前としては一種の完成形ともいえるものだったかもしれない。

また、展示館内外のアトラクションのいくつかは、入場料の五銭以外に特別料金をとっていた。今日の万博ではあまりないパターンだが、それでもそれらは会期中行列が続いたようだ。

代表的なものは「不思議館」、すなわち「電気光学」をテーマとするパビリオンの中にあるアトラクションである。この「不思議館」こそ、この博覧会がそれまでの産業・物産展示を中心とする、はっきり言えば「勧業中心」の博覧会からステップアップした娯楽性と新たな文明提示の嚆矢《こうし》であった。

当時のパンフレットを見ると、入り口からX線の展示、月世界大映写鏡、活動写真、さらには電気で飼育されている胎児といった展示が連なり、いよいよ特別料金一〇銭を支払うメインアトラクションの「電気光線応用大舞踏」へと続いている。このショーは、米国人女優、カーマンセラによる四部構成の電気照明を使った舞踏ショーであった。

第一部は「朝の舞（モーニング・グローレー）」であり、天女のように踊るカーマンセラを様々な色の光で照らしだし、袖や裾は赤、黄、紫、青と変わる。第二部は「夜の舞（ナイト）」で、一転して舞台背後に巨大な鏡を立てて、まぶしい光の中でカーマンセラが何人も踊っているように見えるものであった。さらに第三部の「百合の舞（リレー）」で、カーマンセラは「世界最大長の衣服」（純白の扇状ドレス）を着て演舞し、最後に立ち上がり、それが白百合に見える、という演出を行った。日本でも女優のジュディ・オングがほとんど同じ演出を「魅せられて」（一九七九年）で行い、同じように背後からバックライトを当てて大ヒットさせる七六年前にほぼ同じものが見られたことになる。

そして第四部は照明と火薬両方を使った「炎の舞（フワィヤ）」である。紅蓮の炎の中でカーマンセラが舞う演出で、ステージは大団円に向かった。カーマンセラのショーは照明の見事さとセクシーさで、会場ライトアップと並んでこの博覧会を象徴する存在となったのである。

また、わが国初の冷蔵庫、そして大阪では初の電気昇降機（エレベーター）にとっても天王寺がお披露目の場となった。まず冷蔵庫という製品の技術は家電製品の中でも比較的難易度の高いものである。構造的に圧縮機（コンプレッサー）とポンプを必要とし、気密性が要求されるとともに、冷媒を何にするかという問題もあるからである。一九〇三年時点の冷蔵庫はアンモニア吸収式であった。現代では冷媒としてのアンモニアはあまり親しみがないが、冷媒の改良が十分進まなかった戦後の相当の時期まで、例えば長期低温冷凍が必要な漁船などではアンモニア吸収式が使われていた。

博覧会における冷蔵庫は建屋一つ全体を冷蔵空間にした非常に大仕掛けなものである。館内には冷たさをイメージした富士山の模型を置き、入館者をいきなり摂氏六度の世界に入れて驚かせた。冷蔵庫の展示品は生鮮食品で、特に牛一頭分の肉が保存されている姿は人々には珍しいものであった。たったそれだけの展示に連日数百人が並んだ、というところに人々の人工の冷たさへの驚きがわかる。

一方電気昇降機は、大林組による高さ四五メートルの望遠楼（大林高塔）に設置された。わずか一分で頂上に上ると、「場内はもとより、遠く瀬戸内海の島々から大阪市内の壮観は眸《ひとみ》の中」と宣伝された。この高さは一八九〇年に完成していた浅草の凌雲閣（十二階）に対抗するものであったかもしれない。

内国勧業博会場の跡地について見てみよう。東側は天王寺公園となり、その後何度も展示会や博覧会が開かれた、いわば大阪の「展示の名所」となった。また大阪市立美術館は今日も活躍している他、一部は天王寺動物園となって連日多くの市民が集っている。西側一帯は、「新世界」と称する歓楽街として再開発がなされ、その中央の区画は一九一二年に遊園地「ルナパーク」としてオープンした。その中心に建てられたのが通天閣である。通天閣は、そもそも天王寺内国勧業博で、推進者の土居通夫が数多く参考にしたパリのエッフェル塔を模したものであり、ここにも土居の思いが感じられる。夜間にライトアップされた通天閣は、ルナパーク跡地が新しい歓楽街「新世界」として再開発された後の二〇年、ネオンを使った広告塔となった。その後火災での焼失、再建を経て、今も大阪観光の主要スポットとなっている通天閣の「通」は、土居通夫に由来するともいわれている。

建物全体を冷蔵庫に（写真：橋爪紳也コレクション）

4 大正期の東京・上野での博覧会

欧州においては一九世紀が「博覧会の時代」だったのに対して、日本では二〇世紀前半がそれにあたる。大正に入ってから太平洋戦争開戦までの三〇年間に日本国内の博覧会は実に四〇〇回以上も開かれたが、これは毎月、日本のどこかで博覧会と称するイベントが開かれていた勘定になる。

一九一四年（大正三年）に東京・上野で開催された「東京大正博覧会」は、約七五〇万人が来場した大正初期の代表的な博覧会である。この博覧会は、大正天皇の即位を祝い、上野公園台地を第一会場、不忍池一帯を第二会場に三月二〇日から七月三一日まで開催された。

当時の博覧会の特徴は、大衆文化の一層の発展と生活様式の近代化の潮流に沿い、それまでの勧業一色から様相を変え、文化・娯楽的な要素が盛り込まれたことだが、この「東京大正博覧会」も、その流れを受け、工業館、鉱業館、機械館といった勧業博を継承したパビリオンに加え、美人島旅行館、演芸館、音楽堂といった文化・娯楽性を追求したパビリオンも設けられた。

最も人気を集めたパビリオンが「美人島旅行館」である。「美人百名募集」に応じた女性たちが、様々な趣向で扮装し、点滅照明の下、変幻自在に踊り、大変な人だかりとなった。加えて、「演芸館」では、多くの美しい芸妓が出演し、話題となった。しかも、出演者、踊り順、出演時間をめぐり、芸者組合規模での争いとなり、それが盛んに新聞で報じられたことから、同博覧会は「美人博覧会の観」と評された。当時は「大戦景気」、いわば大正のバブル期であり、世相の浮かれぶりがしのばれる。

電気技術としては、当時、国内電気製造業界で最大規模を誇った芝浦製作所の六二五〇kVA発電機と三萬の試験用変圧器が衆目を集めた他、日本初のエスカレーターもお目見えした。第一会場（上野）正門と第二会場の不忍池のそれぞれに設けられたエスカレーターは、池之端側が高さ九メートル、発動機が三〇馬力、上野側が高さ六メートル、同じく二五馬力のもので、二つの会場をつなぐ二四〇メートルにも及ぶ連絡通路の両端にあった。博覧会の開会に先んじて、試運転が行われた一九一四年三月九日は後に「エスカレーターの日」とされ、以降わが国の百貨店、ビルに次々とエスカレーターが設置された。

電気の博覧会としては、一九一八年（大正七年）に同じ東京・上野で「電気博覧会」が開かれた。この時期は、東京・大阪をはじめ各地で一一〇〇万もの電灯が灯されるようになった。約五〇〇〇キロにおよぶ鉄道が敷かれ、それらを賄う電源も、水力発電に火力が加わり、供給も安定し始めた。とはいえ今日のような本格的な電気事業にはまだ至らない揺籃期に当たる。

電気博覧会を象徴するパビリオンも設けられた。「噴汽塔」である。一八〇センチの美しい女性像が、周りを花壇に囲まれた直径四メートル、高さ一メートル強の円台に立ち、電動機により静かに回転した。その女性像の下からは、蒸気が吹き上がり、赤と青の照明が交互に入れ替わり、像を照らした。女性像の名称は「電気女神」といい、素晴らしい演出も加わり、「電気が照らす未来」という呼称がふさわしいものであった。この女性像は、博覧会のいわば看板娘であり、様々なパビリオンを紹介する絵はがきなど、多くの配布物に登場した。

「水力発電所模型」が登場したのもこの博覧会である。一九一四年（大正三年）には既に福島・猪苗代発電所からの長距離送電も始まっていた。パビリオンでは、高さ一七メートルの山岳地の模型を設け、山麓の池から山頂にくみ上げた水を一気に落として、五〇馬力の発電状況を実際に見せ、余った水は一〇メートルの大滝とした。

また、その発電所で作られた電気を実際に本館の照明で使用する様を見せるため、本館と発電所の間に送電線を引き、発電から送電、電気の利用までを学習できる教育設備の一面も持たせた。美しさにも趣向を凝らし、山麓を雪化粧させ、真冬の水力発電所をイメージさせた。大滝には溶岩と玉石を巧みに配合した石を置き、その周りには樹木を配置し、極めて壮麗な造りとした。加えて、夜間は、山麓に設けられた照明が発電所を照らし出した。他にも電気利用展示用の住宅、その中の人形と機器（電気座布団、電気火鉢、電気暖房器、扇風機、電気湯沸かし器、電気保温器、冷蔵庫）、さらには「回転機」という縦に回転する大きな桶の中を歩く遊具もあった。

大正時代にあって最多の来場者数を誇った博覧会が、一九二二年（大正一一年）の「平和記念東京博覧会」であり、これも上野公園で行われた。この博覧会の直前にはワシントンで海軍軍縮条約が採択され、日本でも第一次世界大戦後の国際的平和ムードが高まっていた。同時に政治的にも大正デモクラシーが花開いた頃である。われわれ現代人は「戦前」というと、おしなべて軍国主義や大陸進出のイメージを持ちがちだが、これから軍縮や平和が来る、民主主義も定着するという「希望の時代」があったことが、この自由と平和をテーマとする博覧会の様子や実績からもわかる。展示の中心は世界平和のパビリオンや各地各国の文化の紹介である。博覧会の象徴は第一会場と第二会場を結ぶ特別通路の中央に設けられた、曇りガラス張りでダイヤモンド型電灯をつけた清快な「平和塔」であり、第一会場の本館の正面には「平和館」があった。

またこの博覧会では文化国として欧米諸国に認められたいとの思いも強く、当時の建築技術の粋を極めた、大胆な幾何学的な曲線で構成された壮麗なデザインが選ばれた。この博覧会が多くの来場者を集めたのも、限られた富裕層しか渡航できない当時、世界各国の文化に容易に触れられたことが大きく、一九七〇年の大阪万博の源流がここに感じられる。住宅展示を行った「文化村」も国際色が濃く、純日本家屋は一軒のみで、他の一三軒は、アメリカ松の羽目板を用いたり、バルコニーを設置したりするなど様々な意匠を凝らした西洋住宅であった。「航空館」では、四台の最新型の飛行機が置かれ、不忍池では水上飛行機を遊覧させ、大変な人気を博したし、「交通館」では、電化された地下鉄の線路模型が置かれた。これは一九二七年の東京地下鉄道（現在の銀座線、上野－浅草）開業より五年早く、人々に地下鉄を見せたことになる。見たことのない地下電車模型が日本橋駅を中心に右から左から動く様子に、大変な人だかりとなったという。

5 大大阪時代の博覧会

天王寺での第五回内国勧業博覧会の開催から二〇年余りを経た大正末期、大阪の街は工業、商業が空前の発展をみせ、いわゆる「大大阪」の時代を迎えていた。その成功ぶりを世界に示し、さらなる発展の礎としようと、一九二五年（大正一四年）に天王寺公園・大阪城の二会場で開催されたのが、大阪毎日新聞社主催による「大大阪記念博覧会」である。電気に特化した博覧会ではないが、大阪の絶頂期に、さらなる飛躍を期して開かれた博覧会であったという点で、当事者たちの思いや狙いを振り返りながら見てみよう。

大大阪記念博覧会は、産業・観光・都市景観などで東京に伍する国際都市であった「大大阪」をアピールした。そして当時の社会潮流の最も重要なものの一つが「電化」である。博覧会の電気担当主任である大阪市電気局の木津谷榮三郎電燈部長は、電化の意義について以下のような趣旨を述べている。

「人々の社会生活は段々複雑化し、競争も激しくなっているので、その分私的生活をやりやすく（単純化）、愉快にしなければならないので、文化生活・家庭生活の改善が重要になってきた。ところが実際の家庭生活は昔の姿のままだ。家庭生活の改善はまずは食堂の改善であり、柔らかい電気照明と電熱（トースターやコーヒーパーコレーター）が文化生活の第一歩であると思う。その次は台所であり、これまでのように台所と洗濯の奴隷から家族を解放することが急務中の急務なのである」

理想の生活を展示した家庭電化館
（写真：『電気大博覧会報告』日本電気協会関西支部）

こうした所信からは、当時世界有数の工業都市・商業都市となった大大阪が、いまだ個々の家庭を見れば明治の頃と変わらぬ（ということは江戸と大して変わらぬ）ありさまであり、それを改善しなければ本物の大大阪になりえないのだ、という市電気局なりの焦燥感のようなものが伝わってくる。

その思いは、東京で開催される博覧会に比べて、より住み手の機能性にまで踏み込んだ「電化の家」に見てとれる。大きく食堂と台所から構成されるこのモデルハウスは、家族五〜

六人の中流以上の家庭と設定され、特に台所は前年の懸賞募集で一等に当選した作品をそのまま作成した理想的台所であった。

記録が残っている平面図によると、台所は食堂との間の料理の出し口と勝手口の他、主婦室及び女中室、浴室との出入口と多くの連絡口を持ち、実用に近い姿となっていた。食堂にはトースター、電気ストーブ、コーヒーメーカーが、台所には電気飯焚器（炊飯器）、角型電気七輪、電気湯沸かし器といった電化機器が設置された上、実生活に近い展示となるよう例えば料理場の面積を小さくし、極力歩かずにすべての料理機器を能率よく使えるよう配置する、衛生設備や換気、照明、清潔性に十分留意するといった工夫もとられた。

さらに水回り全般について興味深い記述が残っている。「従来住宅において台所は単に洗濯、竈（かまど）、水屋くらいの設備に過ぎず、労力や時間の効率を増進させるには不十分だったので、今回は相当の設備費を投じて不便不備を除却することに力を入れた」。つまり、ここにも「実際に住み、生活を向上させる」という展示企画者であった大阪電燈の思いが込められている。

「電化の家」以外の展示でも、実生活での応用を中心に、国内外各メーカーの充実した製品が見られた。住友電線製造所（住友電気工業）の各種電線、三菱電機の小型電動機と電気アイロン、扇風機、島津製作所の紫外線器（水銀石英人工太陽灯）、古河電気工業のラジオ、大阪電球のサンランプ、ドイツ・ゲルラッハ社の小型電気冷蔵庫、米国・モナークエンジニアリング社製家庭用自動ポンプ、さらには海外品と対抗できる地元メーカーによる低価格の製品群（共立物産・純国産電気時計、機械貿易・電灯変燭器、卓上電灯器具）等が電化展示を多彩なものにした。

意外な側面として、大大阪記念博覧会はビジネス展示会の先駆けでもあった。市長の關《せき》一《はじめ》は会場を見た感想として「実業家・事業家といった知識階級の人が最も多かったことは、従来のお祭り気分で見られた違った点だと思い非常に心強く感じた」と述べており、いかにも「大大阪」時代らしい。

同じ大正期に大阪での戦前最大級の電気博覧会も開かれている。一九二六年（大正一五年）の「電気大博覧会」であり、大阪市の安治川河口近くの地区に大きな会場を造成して行われた。古今東西の最新の電気機器類が一堂に会したほか、電気照明を用いた宝塚などの舞台劇や、子ども電車などの遊具施設、コンサート会場など余興施設も充実しており、今、博覧会の絵地図を広げて会場の全体図を見渡すとその規模と展示の多様性がわかる。

陳列館は、いずれもスパニッシュ・ミッション様式で統一されており、これらは、「関西建築会の父」と呼ばれた、京都大学教授・武田五一博士の設計によるものであった。武田博士は、アール・ヌーボーなど欧州の新しい建築様式を日本に紹介した建築家である。京都市役所や京都府立図書館など、大正から昭和初期にかけての名だたる建築の設計者としても知られている。電力業界との縁も深く、京都駅の北側に位置する関西電力の京都支社（当時・京都電燈の本社屋）も、博士の最晩年の作品である。

スパニッシュ・ミッション様式は、スペイン南部で発祥したもので、赤い瓦屋根にクリーム色の外壁が特徴的な建築物である。ここを訪れた人は、まず、異国情緒あふれる建築物に囲まれた非日常的な空間に誘われることになり、未知なるものへの興味をいやが上にもかき立てられたことだろう。

出品物としては、原動機や電線、通信機、電気ポンプや一般工作機械、絶縁材料、電気計器等、実に多種多様な機器類が集まり、用意された展示館ごとに分類・整理され、陳列された。例えば、動力館では原動機や大型の電気機器、保健衛生館ではレントゲン等の医療・衛生機械類、家庭電化館では照明や電熱器等の電気器具類、農事電化園では農業用の電気器具類、外国館には欧米製の機械類の製品が所狭しと並んでいたとされる。

また、子供向けにラジオや電信電話、電灯、電力、電熱に関する講習会が開かれる一方、家庭の主婦向けには、電熱料理講習会を開催し、電熱機器を実体験してもらえる施設も用意されていた。電熱料理講習会という行事は大阪・京都で戦前よく行われたものだが、おそらくそのひな型がこの時できたと思われる。

一般的に米国に比べ遅れていた日本の電化だが、この博覧会では日本独自の工夫や製品も展示された。扇風機では国内で性能・価格面に優れた製品が大量に生産されるようになっており、特に、一二インチ型は輸入品を凌駕し、国内はもとよりインド等国外にも販路を広げていた。羽根の回転の危険防止のために設置された渦巻型のガードは、日本独自の発明であり、美観を損ねず、危険防止ができる点において海外製に一歩先んじていたようである。電熱器も、ニッケルクロム合金線を用いた多様な出品物が展示され、電気七輪やアイロン、電気火鉢、炊飯器、こたつ、湯沸かし器など、各メーカーとも創意工夫を凝らした製品開発に取り組んでいた上、業務用器具は、カステラ・まんじゅう、せんべい製造用電熱器、てんぷら調理用電熱器、さらには、せんべい焼き印用電熱器といった極めて独創的なものまで陳列された。さらに変圧器や、電話用ケーブル等の通信用機器、電力量計等の計器類は、既に優秀な海外製品に伯仲する、あるいはそれらを上回る実力を備えており、特に小型変圧器は、国内メーカーの苦心の結果、驚くほど低廉な価格で優良品が製作されていたと記録されている。農事用の電気器具類も特徴的で、会場内の農事電化園に水田や果樹園、茶・桑畑、養蚕室、乳牛舎、養鶏場が実際に置かれ、農耕用電気器具を実働させた。植物温室では温熱や電気照明による植物の発育状況への影響が検証されたほか、水田では、誘蛾《ゆうが》灯を点灯して、害虫駆除の効果を示すなど、実験精神も旺盛であった。さらに乳牛舎では、電気搾乳器による乳搾りが実演され、その牛乳を用いてバター、チーズ、アイスクリーム等を製造して、併設のカフェで提供することで、大いに人気を集めた。

会場中央の「水晶塔」と呼ばれたシンボルタワーも、電気の博覧会にふさわしいものであった。三〇メートルの塔の頭頂部がガラス張りで作られており、その内部に二五〇〜五〇〇ワットの電球が約五〇個仕込まれていた。また、塔の中位にも一〇〇〇ワットの電球が設置され、ガラス窓を通して外部に光の条を放った。さらに、地上一〇メートルあたりに滝が設けられ、下部の運河まで五段に落下しており、内部からの照明によって五色に彩る仕掛けになっていたとされている。この水晶塔の足元には水路が流れていたため、夜間は、その水面に映った姿との合わせ鏡で、多くの観客が魅了されたことであろう。

夜の闇に浮かび上がった水晶塔
（写真：『電気大博覧会報告』日本電気協会関西支部）

これら内部の照明に加え、外部からも数十基のサーチライトで塔を照らし出すことで、光の塔と呼ぶにふさわしい外観を作り出していた。さらに、開会中は、時折、大阪湾に派遣された軍艦から、日没とともに会場にサーチライトが照射され、会場の照明もそれに呼応したという。この光の一大ページェントは、博覧会場の閉じる夜九時頃まで大阪の夜を彩った。

遊園地も電気の活躍の場である。遊園地内にある池の周囲に六〇〇メートル以上にわたり軌道が敷設され、「子供電車」が走った。構造はのちのテーマパークライドと同じで、二カ所のトンネル部を設け、それぞれ「世界漫遊パノラマ・トンネル」と「お伽の国トンネル」という仕掛けである。前者にはナイアガラの滝やロンドンのタワーブリッジ、スペインの闘牛などの模型を、後者には桃太郎や竹取物語などの模型をそれぞれ配して狸が化けた茶釜を電動で動かすなど、手の込んだ人形細工が随所に置かれていた。乗客の三分の二は大人が占めたという。もう一つ、会場内の劇場に宝塚歌劇や河合ダンス等、当時名のある劇団があまねく招聘される中、ひときわ目を引いたのは、「人間製造館」という演目であり、実は東京の電気博覧会で好評を得た最新式の舞台照明を駆使した舞台劇である。

筋立ては、婚約者を亡くした資産家の青年が、写真さえあれば科学の力によって自由に人間を製造できるという人間製造株式会社のうわさを聞きつけ、亡き婚約者の創造を依頼するといったものである。最後には、電気と反射鏡を使用して婚約者がよみがえるという、展開であったが、当時の人には、将来このような機械が発明されても不思議ではない、と思わせるような神秘性が「電気」には秘められていたのかもしれない。

面白い電化製品である運動具も紹介しておこう。この博覧会では電気を用いた三種類の運動器具が設置されていた。まずは、「回転円筒」。直径約二メートル、幅約四メートルの鉄製の円筒が三つ並べられ、両端の円筒は同方向に、真ん中の円筒だけが反対方向に回転していたという。競技者は、その三つの円筒の中を突っ切るわけだが、円筒の運動方向が異なるため、バランスを崩さずに通り抜けるのは容易なことではなかったであろう。

第二の運動器具は、「回転円盤」。レコード盤のように回転する、直径約六メートルの円盤の上を、回転方向とは逆向きに走ることで、転倒せずに姿勢を維持できるようになっていた。また、この円盤上には、逆方向に回転する直径一メートルの小円盤が五個取り付けられており、競技者はそれぞれの円盤に飛び移ってはバランスを保つことも楽しんでいたようである。

最後の運動器具は、「短縮トラック」と呼ばれるもの。長さ九メートルに及ぶ電動のベルトコンベアの上を、まるでランニングマシンのように走る器具だが、今やどのスポーツクラブにも設置されている器具の原型が、大正の世の大阪に登場していたことに驚く。また、六つあるトラックを三種類に色分けし、三通りの速度で運転させていたことも、画期的な試みといえる。その速度は、それぞれ時速四キロ、七キロ、一一キロとレベルを分けて設定されていたが、最速のものにチャレンジするには、それなりの脚力を要したと思われる。館内には観覧者のためのスタンドも設置され、多くの人が自ら試すだけでなく、競技者に声援を送り、また、慣れぬ運動器具に七転八倒する様を大いに楽しんでいたと思われる。

最後に語らなければならないのはラジオの存在である。ラジオ放送は、博覧会の先年（一九二五年）に放送が開始されたところであり、まさに時代の寵児であった。ニュースや娯楽が同時性をもって各地に伝えられたことに、日本中が沸きかえったことは想像に難くない。当然、会場を訪れた多くの人が、ラジオ放送に接する機会を楽しみにしていたと思われる。天王寺に設置された第二会場の建屋の過半はラジオ機器類の展示で占められ、即売が行われたほか、ラジオ放送室にて実況放送もなされ、連日、活況を呈したという。また、博覧会では、一般市民を対象として、鉱石式・真空管式双方の手製ラジオの懸賞公募が行われ、一等には一〇〇円と高額の賞金が付けられた。結果、応募総数は五四人と主催者の想定は下回ったようだが、放送開始からわずか一年で、先進的な技術は着実に市民レベルまで浸透していったようである。

時代が昭和に移った大阪では、昭和天皇の即位大典が執り行われた一九二八年、大典に恭賀の意を表した「大礼奉祝交通電気博覧会」が行われた。主催した大阪市にとって大阪市営電気鉄道二五周年・電灯経営五周年にあたることから、「交通・電気の進歩発展への貢献」との趣旨で、場所は天王寺公園である。主な展示となった「大阪市街並近郊都市模型」では、東西は東大阪市から兵庫県尼崎市、南北は堺市から豊中市に、現在のＪＲ、阪急・阪神などの鉄道路線を豆電球の線で表示して、四通八達の交通状況を示し、その中央に支柱にぶら下げた三機の飛行機を自動装置で旋回させ、空の交通の片影を現した。一方「大都市理想路面交通模型」では、七、八階建て高層ビルなどの建物をかいくぐって高速道路、路面電車、車馬道が整備され、貨物車や普通自動車、自転車、人力車等が秩序を保ちながら、安全に運行する将来の大都市の交通像を示した。

国際的な展示も行われた。「世界一周館」では、パビリオンの入り口に世界地図を描き、フランス、イタリア、米国、中国、英国等、主要国の風景をパノラマ式の模型で表し、電気照明で航路を示した。さらに電気動力の点では「水の交通館」の池に浮かべた日本列島の模型の周りに、電磁動力船を周遊させたのも注目される。また発電館の「ナイアガラ瀑布《ばくふ》の実景」では、ナイアガラの滝の実景を背景に二メートルの高さから水を落とし二〇〇キロワットの水力発電機を運転させ、水力発電設備のメカニズムを紹介。「大大阪電燈電力受給状況」では、富山・木曽・琵琶湖の水力発電所から大阪に送電する模型により、大阪の電力供給の当時の状況を表した。照明美も壮大で、暗闇に建ち並ぶ高層ビル群、海岸沿いに連立する多くの大工場を溢光照明で現出させ、空には飛行機が飛翔し煙で「ＯＳＡＫＡ」の文字を描くなど、将来の大阪の発展の極地を美観で示した。

最大の人気は、電気洗濯機をはじめ各種電気機器を備え、美しい照明を施した約一〇〇坪の電気住宅であった。閉会後に譲り受けの希望が殺到し、事務局は出品者の大林組から買い取り、福引抽選で当選者に譲る大盤振る舞いを行った。

世界恐慌が近づく不況の只中。厳しい生活に苦しむ来場者は、これらの展示に触れ、安全で生産性の高い職場で働き、電気機器を用いた快適な暮らしを営む新時代の到来を待ち焦がれたのである。

Column 1

米国のワールドフェア

一八九三年のシカゴ万国博、一九一五年のサンフランシスコ・パナマ博覧会以降、米国ではゼネラル・エレクトリック（GE）が各都市で連続的な電化製品展示会（エレクトリカル・フェア）を開催した。アイロン、洗濯機、冷蔵庫などの新製品が実働展示され、一九二〇年代の米国の家庭電化普及に大きく貢献した。このようなGEの取り組みは、この時期の米国主要企業の典型でもある。

その後、米国各地でワールドフェアが開催される。ワールドフェアは、公式の万博ではないが、主として電機メーカー、自動車メーカー、化学・飲料メーカーといった企業展示が、その覇を競う場となっていった。

自動車メーカーの例を見よう。一九二六年にフィラデルフィアでワールドフェアが開かれたが、折しも米国はT型フォードを中心としたモータリゼーションの真っ最中であり、世界で初めてイベント会場に一万台以上の駐車場が設けられた。このフォードに対抗するため、ライバルのゼネラル・モーターズ（GM）・シボレーはスタイリッシュな新型車で大々的な展示を行い、モノトーンのデザインしかなかったフォードをワールドフェアを境に売り上げで抜き去り、二度とフォードの追撃を許さなかった。

続く一九三三年のシカゴ・ワールドフェアでは、建築と電気の関係で劇的な変化があった。大容量の照明・換気・空調装置が投入された結果、「無窓建築」と呼ばれる窓のない大空間で展示することが可能になったのである。以降の米国では、それまでの外の光や風との近接性を重視した複雑な凹凸を持つ外壁や中庭がなくなり、窓から遠く離れた場所や地下の部屋を事務室などに使えるようになった。この変化は人工照明・人工換気（空調）による高層ビルの林立、という今日の米国主要都市の姿を決定づけるとともに、その後の電機産業に巨大な市場を約束することとなった。博覧会がビジネスに巨大な影響を与えるようになったのである。

また、シカゴ・ワールドフェアでは、モーターとワイヤで駆動する恐竜やキングコングの超大型模型が展示され、ドラゴンを模ったジェットコースターもあるなど、のちのユニバーサル・スタジオを彷彿とさせるものとなった。ＧＥは、トーマス・エジソン記念と銘打った「ハウス・オブ・マジック」というパビリオンを出展した。中には大きな劇場があり、司会者の案内とともに音声制御で動く小さなクルマ、身体にまとうと内部から光るスカーフなど、電気や磁気・電波による様々な仕掛けがマジックショー仕立てで次々と演じられ、観客を魅了していたことが分かる。当然これはGEのビジネスの飛躍的拡大に結びついた。

このような米国での巨大企業の発展とワールドフェアでの大規模な新製品プロモーションは、一九世紀までの博覧会のあり方（例えば一国一パビリオン、国の展示中心）を大きく変える。博覧会は企業の命運を懸けた世界的アピールと勝負の場となったが、その究極の姿が見られるのが一九三九年と一九六四年の二つのニューヨークでの博覧会である。

一九三九年の博覧会で化学メーカー、デュポンは「化学の魔法」と銘打った大々的な出展によって、そこまで二年ほど製品発表を控えてきたナイロンやプラスチックをお披露目し、世界的な「合成化学の時代」を推し進めた。女性の下着が絹や人絹からナイロンへ、各種材料がセルロイドからプラスチックに変わる劇的変化がこの時始まったのである。当時は電機、自動車とも急速な市場拡大期であり、まさにニューヨークが世界のイノベーションの中心地になったようであった。

続いてGEは一九六四年のニューヨーク世界博（国際博覧会条約に基づかない非公式国際博覧会）で、米国の歴史と家庭生活の発展を、人間とほぼ同じ動き、語り、表情のできる精巧な人形で演劇風に紹介する展示を行った。出展関係者はこの展示について「今回展示した人形自体には買い手はつかないだろうし、われわれも売るつもりはない。しかし、人間と同じように動き、語り、歌う人形が作れるというエレクトロニクスの可能性と、実際に作ってみせた当社の技術は、観客の中に強く訴えられたし、それは当社の技術の何よりの宣伝なのだ」という言葉で当時のワールドフェアでの狙いを語っている。

なおこの世界博では、ウォルト・ディズニーが電動式の世界の人形展示を行い、閉会後、既に開業していたロサンゼルスのディズニーランドに「イッツ・ア・スモールワールド」として移築して、長く人々に愛されていることも特筆すべきである。

第2章 戦後復興期の国内博覧会

1　復興大博覧会（一九四八年）

戦後に開催された国内の博覧会は、「復興」という新しい意義を持つようになった。一九四八年（昭和二三年）に大阪で開催された復興大博覧会などが好例である。毎日新聞社が主催となり、九月一八日から一一月一七日までの二カ月間、大阪市天王寺区上本町八丁目付近、夕陽丘の戦災地約四万坪で開催された。

『復興大博覧会誌』によれば、この博覧会の意義は「今日起ち上りつつある産業文化の枠をあつめて文化国家建設の指標とすること」であり、困窮する人々の生活や治安の乱れ、粗悪品があふれるような当時の日本において、人々に豊かさと必ず起ち上がれるという自信と希望を与え、復興の端緒を開く一大事業と位置付けられた。したがってその内容も戦前のようなショーケースとしての未来や夢の技術よりも、復興を支える実質的な経済活動に貢献することとされた。

「すべて珍奇に偏せず、身近な生活必需品を主として今日の日本における最高のものをえらび、民主主義の名のもとにはんらんする種々雑多な国民生活に対して一つのよりどころを示し、真の文化の水準を示す」（復興大博覧会誌）こととされ、生活電化機器や農業機器、産業機器といった実質本位のものが多かった。展示物を博覧会の中で出品者から買うこともでき、そうした取引を通じた商都大阪や大阪港の復活も狙いの一つであった。

また、戦災跡地に恒久建造物を建築して都市開発そのものを行うことが計画され、住宅難緩和の一助とするために理想的な住宅まで建設し、閉会後に譲渡されることとなった。戦災地の中で特に復興に遅れがあった天王寺区夕陽丘高台が、会場として選ばれた理由でもある。実際に会場の建築物はすべて大阪市の都市計画に沿って計画され、閉会後には様々な施設や住宅として活用されることとなった。当時の大阪府知事である赤間文三は、

都市計画の一環として開催された復興大博覧会
（写真：『復興大博覧会誌』毎日新聞社）

開会式の祝辞の中で「従来の多くの博覧会と違い、恒久的なもの、すなわちこのまま都市復興建築物として永住性を有するが如く計量されておりまする点などは、全く名案でありまして讃嘆の外はないのであります」と語っている。

「各種の健全な娯楽を設備し、大阪市民の遊園地とし、また厚生の場所とする」(復興大博覧会誌)。戦後復興の中、当時の人々は娯楽やレクリエーションの機会を失っており、復興大博覧会にはこうした意義も求められた。会場内の建築物も、上空から見れば「?」の形をした外国館や、四つの流線形からなる産業館、大きな両翼を広げたような印刷文化館、正面にドームを設けた科学館や、ステージを併設した観光館など、人々を楽しませる様々な趣向が凝らされた。また、宝塚歌劇団や日劇ダンシングチームの公演、サーカス、漫才、曲芸からタイガース選手のサイン会に至るまで、ステージや野外劇場で常に様々な催し物が開催された。

復興大博覧会では全部で二四の展示館と、野外劇場が建設された。建造物は閉会後に公共施設や店舗、住宅などで恒久的に使われることが予定されていたため、いわゆるハリボテのようなものではなく、建物として使用に耐え得る頑強性や快適性が求められた。起工から竣工までわずか二カ月半の中で、四万坪の敷地の中にこれだけの数の建築物を建築できたのは、まさに「必死の突貫作業」(同誌)だったことは想像に難くない。

電気や通信施設の整備にも相当な困難が伴った。当時の夕陽丘は激しい戦禍によって焼け

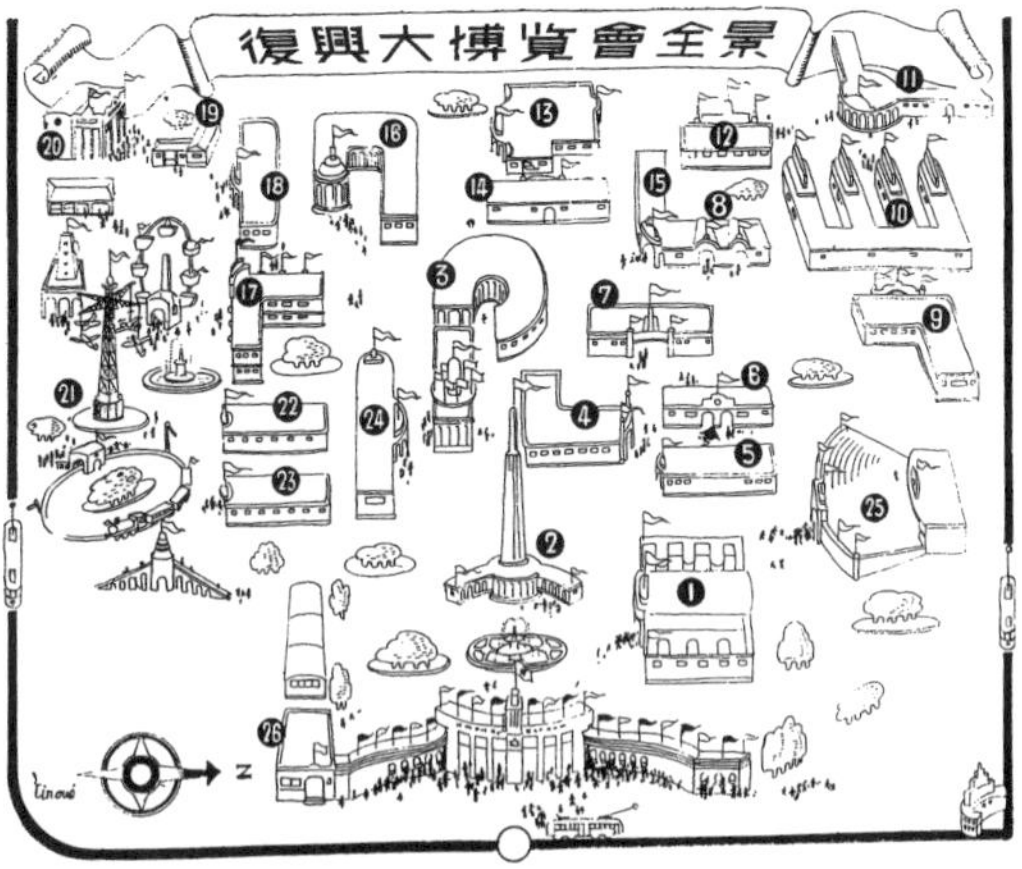

復興大博覧会の全景
(出典:『復興大博覧会誌』毎日新聞社)

野原に近く、電柱一本・電線一本もないような状況であった。会場の立地も交通上必ずしも利便性の高い土地ではなく、戦後の資材不足、人手不足が重なる中であっても、一帯を恒久的に使うからには基盤となる都市インフラの整備は必須であり、関係者の「非常なる熱意と犠牲」(同誌)によって短期間で百数十本の電柱と電線・電話線が張り巡らされた。特に、大勢の入場者でにぎわう博覧会において通信手段の確保は不可欠であり、場内の各館から通用門まで隅々に行き渡る三七本の臨時電話、消防用その他の市内専用電話、記念館横には五つの公衆電話が整備され、会期の前後も含めて各館相互の連絡に使われ、公衆電話も多くの入場者に利用された。

復興大博覧会では、二四の展示館それぞれ

に趣向を凝らした展示がなされたが、特に電気館、日立館は相当な人気を博し、また記念塔広場前に設置された農業機械館なども素晴らしい内容だったといわれている。以降、特に万国博と電化という文脈の中で、幾つか具体的な展示物を紹介していきたい。

会場の出品物中、何といっても人気の的だったのは東京芝浦電気製作所のテレビであった。当時米国では既に一九の放送局と三五万人の視聴者がいたとされているが、日本ではテレビは戦前に一部実験的に公開された程度で一般に公開されるのは初めてのことであった。来場者の関心はひときわ高く、日本の科学技術の最先端のような扱いであった。博覧会に出品されたのはマツダ携帯型テレビジョンといい、テレビカメラが捉えた映像をカメラ制御装置のスクリーンに投影し、有線放送によってテレビ本体に再現するものである。二五分の一秒の間に四四一本の走査線を送信し、縦二〇センチ×横二五センチのテレビに映像を投影する。記念館の北側の屋外にマイクが立てられ、この前で連日演芸を行い、その様子がテレビに投影された。来場者は、記念館の裏に設けられた小屋の入り口で実際の演芸を見ながら順次暗幕に入り、展示物を見ながらテレビに関する技術的な解説を聞き、最後にテレビ画面で投影された演芸を見る、という流れであった。公開は一日三回（日曜日には四回）、平均約一時間ずつ行われた。公開日数も当初は一カ月程度の予定であったが、あまりにも好評のため、博覧会開催期間である二カ月に延長された。公開時間前には記念館を一周して野外劇場や正面入り口あたりまで列が延び、当たり前のように連日公開時間が延長された。当時の計算によると、五分間に一七〇〜一八〇人の人が流れ、開催期間中では推定約四二万〜四三万の人々がテレビを見たという。

当時、テレビは電気通信技術の最高級のものであり、最も至難なものとされ、開催期間中は東芝の技術者が部品の取り換えや不良箇所の調整等に片時も機械から離れず、「さればこそ博覧会に休館なし一日の休みなく一回の中止なく文字通り完全に有終の美あらしめた姿に(中略)自然に頭が下がり全く心打たれるもの」(同誌)であったことも、感慨深い。

復興大博覧会の中で、テレビと並んで注目を集めたのは電子顕微鏡であった。博覧会では三種類が公開され、電気館に東京芝浦電気マツダ研究所の静電型電子顕微鏡、日立館に日立製作所の電磁型電子顕微鏡、京都館に島津製作所の電子顕微鏡が展示された。

世界初の電子顕微鏡は一九三二年にドイツで開発され(開発者は後年ノーベル物理学賞を受賞)、日本では現在の大阪大学において一九四〇年に国産第一号の電子顕微鏡が完成した。復興大博覧会は一九四八年であり、当時日本には電子顕微鏡は数えるほどしか存在せず、しかも大学の研究室等から外に出ることはまずなかったことから、博覧会で三つもの電子顕微鏡が展示されたことは「さながら競演のようで偉観」(同誌)であり、人々は連日長蛇の列を作って各館に並んだ。当時、光学顕微鏡ではせいぜい二〇〇〇倍程度の拡大だったが、電子顕微鏡ではそれが一〇万倍程度になり、「たばこの煙は四角に見え、かみそり刃はのこぎりのように刃こぼれのあることが分かり、縫い針は丸太棒のように見える」（同誌）と人々は大いに驚いた。電子顕微鏡はいずれも当時の金額で制作費約一五〇万円（現在の金額で一五〇〇万〜二〇〇〇万円程度）で大変高価なものとされ、操作も複雑で画像が安定せず、調整に一苦労だったという。

復興大博覧会を彩ったユニークな展示と都市への反映

テレビや電子顕微鏡はまさに当時の日本の科学技術の結集であり、敗戦後の再建復興の中、人々に大いなる関心と将来への期待を与えることとなったが、こうしたメイン展示と対照的な面白いもの、ニッチなものも見られている。

科学館の北館には「魔法の黒猫」と呼ばれる、人間の等身大はあろう大きな黒猫のおもちゃが置かれた。猫に近づくと目玉が光り、「ヒューヒュー」という奇妙な鳴き声で子供たちに気味悪がられたという。これは当時のNHK大阪が展示したもので、説明には「放送のことなら何でもお答え申す」と書かれており、中に実際に職員が入って放送の仕組みなどについて答えていた。また、警視庁特別出品で「ウソ発見器」「凶器発見器」なども展示され、黒山の人だかりができた。ウソをついたときに人間の電流が変化してメーターに現れるというふれこみだったが性能のほうはイマイチのようで、「質問の方法になかなか熟練を要する」（復興大博覧会誌）と記録されている。

農業機械館も、のちの日本農業の飛躍を考えると意味深い展示が多く、人気も高かった。最新型のバーチカルポンプを使った自動揚水ポンプの展示から、電動耕運機、脱穀調製機、精米機、製麺機、噴霧器、芝刈機、チェーンソーといった目新しい最新の電動農耕機器からトラクターの実演まで、当時考えられ得る農業用電化製品のラインアップがそろえられた。

黒山の人だかりとなったウソ発見器
（写真：『復興大博覧会誌』毎日新聞社）

農業の機械化に関心を持っている農家は多かったが、テレビも普及していない時代に、実物の機器を見たり触れたりする機会は極めて貴重だったのである。また、その場で出品者に製品を注文することができたことから、「この農業機械館で多種多様の各種性能の機械をしかも実際動いている状況を見て会場で発注していく人々も多く、業者によっては『ここ一年はこれ以上の注文に応じ切れません』とうれしい悲鳴を挙げていた」（同誌）という状況であった。農業機械に関しては、本博覧会をきっかけにたびたび大阪で臨時の展示会が開かれ、大阪に行けば農業機械が買えるといううわさから多くの人々が集まるようになり、その後の地域復興にも大きく貢献した。

同じことは電機メーカーでもいえる。日立館では、オール日立の総動員として、石炭・電力・交通運輸・鉄鋼・繊維・農林・水産・工場・文化・家庭の一〇部門で日立の取り組みが紹介され、特に文化部門では電子顕微鏡や二回転式凸版印刷機の実演、家庭部門では快適なモデルルームの中にルームクーラーや電気冷蔵庫などが展示された。また電気館では、電気自動車、ラジオ、蛍光灯、モーター、ポンプ、スイッチ、電池、真空管、電線などが展示され、「およそ電気に関するものなら何でもある」(同誌)と評された。

復興大博覧会は、大阪の都市復興にもかかわっている。この博覧会は当初から、会場そのものを復興のモデル市街地に活用することを目的とし、実際に閉会後に建築物はそのまま多方面に活用されることとなった。まさに「復興の街は希望の春を迎えると同時に、生々躍動の産声を上げげつつあり、ここに復興大博覧会は美事に有終の美を発揮した」(同誌)のである。

大阪府は、特に戦争で夫を失った女性や戦災孤児らのため、会場跡地を「夕陽丘母子の街」とする計画を掲げた。母子の生活拠点や育児環境の整備、職業技術の訓練や就業のあっせん、娯楽施設に至るまで、文字通り日本初の母と子のための街というコンセプトであり、実に画期的な計画であった。

科学館、京都館・印刷文化館、貿易館、農業薬品・水産・日立館は府に買収され、京都館・印刷文化館および科学館の一部が「モデル母子寮」となった。ここには戦争寡婦、遺児、他地域からの引き揚げ母子家庭など計四〇世帯・一一〇人が暮らすこととなった。科学館の一部は「各種夫人相談所」となり、育児相談や結婚相談、保健や生活改善に向けた指導を受けることができた。貿易館は「モデル保育所」となり、乳幼児五〇人を受け入れることができた。農業薬品・水産・日立館は「夫人公共職業補導所」となり、洋裁ミシンや英文タイプ、珠算などの職業訓練が行われた。外国館は「家庭生活科学館」で、衣食住を中心とした生活科学の振興を目的に、各種展示や講習受講ができたほか、ガスや電気調理など台所関連の相談にも応じたという。復興館は「天王寺郵便局」に転用され、観光館は「大阪市文化館」、第二衛生館は「白百合文化学院」として女学生の家庭教育の場となった。さらに博覧会の会場内に設置された店舗付住宅八六戸も順次売却され、野外劇場も公園として活用された。

開催期間中、博覧会会場の南西隅には復興後の生活の希望として「理想住宅」が展示された。最新設備やおしゃれなテラスもあり、住宅難にあえぐ人々の垂ぜんの的となった。この理想住宅は懸賞住宅として、前売り券の福引抽選の一等の賞品となり、くじ引きの結果、当時関西配電本店計画課に勤務していた三一歳の男性が見事当選したという。かくして復興大博覧会は、歴史上の大きな意義と実益を残し、幕を閉じたのである。

大阪市における復興博の成功を受け、博覧会は戦災都市の復興や地方財政の赤字難を救う一挙両得のアイデアとして、各地方で開催熱が高まったといわれている。一九四九年以降、横浜市、岡山市、松山市、高松市、和歌山市、松江市などが次々に地方博覧会を計画するなど、「博覧会時代の到来」といわれることになった。

2 アメリカ博覧会（一九五〇年）

戦後に開催された博覧会の二つ目の事例として、「アメリカ博覧会」を紹介したい。兵庫県の阪急西宮北口駅周辺といえば、関西の住みたい街ランキングで必ず上位に入る人気のエリアだが、その「阪急西宮球場」（現「阪急西宮ガーデンズ」）およびその外園で開催されたのが、アメリカ博覧会である。終戦から五年後の一九五〇年（昭和二五年）に、朝日新聞社主催、外務省、通産省、建設省、文部省、国鉄そして西宮市の後援、連合国軍総司令部（GHQ）各部門の全面協力の下で開催された。三カ月程度の開催期間で入場者は国内外から二〇〇万人を超えるなど、大人気を博した博覧会となった。

テーマは、米国の建国史から政治、経済、文化、芸術、最新の科学技術や生産品に至るまで米国に関するあらゆるものの総合展示であった。「鬼畜米英」「米英撃滅」と扇動され、戦

戦後に兵庫県西宮市で開催されたアメリカ博覧会
(写真:『アメリカ博覧会』朝日新聞社)

時下で米国のことを何も知らされなかった国民にとって、占領国である米国という国そのものに触れ、理解することは、当然のように大いなる関心事だったのである。朝日新聞社の「アメリカ博覧会」には、「アメリカが建国以来わずかに百七十余年にして今日の繁栄と民主国家をつくり上げたその歴史や、現在の文物風習の中には、われわれがこれを真似ようとしてもとうてい真似のできないアメリカ独特の条件と要素に恵まれた部分も少なくないであろう。(中略)しかしそれはそれとして、アメリカのあらゆる面をよく研究し、検討することは、今日のわれわれにとってよき参考または反省の資料を提供するものと信じて疑わない」と記録されている。

当時の日本は戦後の混乱期を少しずつ抜け出し、自信を取り戻そうとしていた頃でもあった。日本中で子供たちがチョコレートやチューインガム欲しさに米兵を追いかける中、世界第一位の経済大国である米国は、豊かさや力強さの象徴であり、目指すべき目標でもあったのである。アメリカ博覧会で、目に見えるかたちで展示されたホワイトハウスなどの野外大パノラマ、大型トラクターや水耕農場の実演、シボレーやフォードなどの最新自動車、テレビジョン、トレーラーハウスにポラロイドカメラなど、見るものすべてが日本国民にとってまさに「夢よあこがれよ」（「アメリカ博覧会」の歌詞の一部）となったことは、想像に難くない。

まず第一会場（現西宮ガーデンズ南側）では正面の「自由の女神」に迎えられ、正門をくぐると「ホワイトハウス」があり、米国の歴史と文化がジオラマや展示物で紹介された。第二会場は、現在の阪急今津線をはさんだ西側であり、呼び物は「空飛ぶホテル」と称したパン・アメリカン社のクルーザーの実物大の大型模型機や、半日をかけてアメリカを一周する巨大野外パノラマであった。第一会場を、米国について歴史から政治、経済、産業、文化、芸術まで総合的に学ぶ場とすると、第二会場はどちらかといえば、遊覧しながら実際に米国の生活を目で見て体で感じるような趣向であったといえよう。

第一会場で最も注目を集めたのは「テレヴィジョン館」であった。そこには、国内で初めて米国製の大型受像機が空輸で取り寄せられた。四一型の最新式で画面は縦一五インチ（約四〇センチ）・横二〇インチ（約五〇センチ）、シュミットレンズを使った当時最高性能のものであった。テレヴィジョン館には、米国製のテレビを中央に、左右に東芝製の国産テレビが配置され、計三台が並べられた。館から二五〇メートル離れた野外劇場で催されている実際の歌謡ショーや奇術ショーなどがカメラで撮影され、その映像が一日三回館内のテレビにリアルタイムに投影された。その人気は大変なもので、開会から閉会まで連日長蛇の列を作ったという。日本では、アメリカ博覧会の三年後の一九五三年にＮＨＫの本放送が開始されることとなったが、こうして博覧会を通じて国民がテレビそのものを目にする機会を得たことも、その後のテレビ普及の原動力の一つとなった。

さらに、家電王国の米国らしい豊かな消費生活の姿が展示され、人々の憧れをひきつけた。まさしく「アメリカン・ウェイ・オブ・ライフ」の体験である。一八七三年のタイプライターから一八七七年のエジソンの蓄音機発明、一八七九年の電灯発明、一九〇三年のライト兄弟の飛行機発明など、米国の発明の歴史が展示されるとともに、冷蔵庫、掃除機、電熱毛布、頭髪乾燥機、大扇風機などゼネラル・エレクトリック（ＧＥ）の様々な最新式の家電製品が紹介された。

「おそうじの道具やパン焼き、コーヒーわかしも皆電熱で大変きれいだ。アメリカのお母さんは大変仕事が楽で、電気のスイッチをちょっと入れておくと、時間がくればもうおいしいパンやコーヒーができているといった調子だ」（学生エッセーコンテスト・小学校の部入選作）という記録が残っている。

そのほか博覧会には、日本に初めて紹介された一分間の早撮りポラロイド・ランド・カメラ、ロジャース商会が飛行機で取り寄せた野球のピッチングマシン、レコードが五〇枚かけられるジューク・ボックス自動蓄音機などクリエーティブでユニークな展示物が人々の目を引き、赤外線で開く自動ドアに人々は大いに驚かされたという。また、米国で最も進んだ簡易生活様式としてトレーラー・ハウスが紹介された。一台の車の中にサロン・台所・寝室・電気冷蔵庫・シャワーなどが完備され、「移動住宅の粋」（『アメリカ博覧会』朝日新聞社）として関心を集めた。本博覧会から一八年後の一九六八年、日本は米国に次ぐ世界第二位の経済大国となるが、戦後の復興の中、こうして博覧会を通じて人々が大きな夢と目標を共有できた意義は計り知れない。

電力産業関連では、新日本産業ホールにおいて、火力・水力発電所と大都市との関係を電気仕掛けで自動的に示したパノラマや、火力発電所による明るい夜景の様子などが展示された。敗戦間もない時期であったが、原子力に関する展示もあり、原子炉の模型展示や原子力の平和利用としてガイガー・カウンターによる病原体発見の実演などが行われた。当時の博覧会が持つ話題性の高さや情報発信力の大きさもあり、こうした流れが後の原子力平和利用博覧会へと続いていくこととなる。

現在の阪急今津線をはさんだ西側のエリアが第二会場である。呼び物は「空飛ぶホテル」と称したパン・アメリカン社のクルーザーの実物大の模型機と、米国を一周する巨大な野外パノラマであった。特に広大な土地に作り上げられた野外大パノラマは圧巻で、人々はサン

空飛ぶホテルと呼ばれた飛行機の実物大模型
（写真：『アメリカ博覧会』朝日新聞社）

フランシスコの金門橋からヨセミテ国立公園のメタセコイアの大樹をくぐり、シカゴ、ピッツバーグなど都市の風景を眺め、ナイアガラの大瀑布《ばくふ》からラシュモア山の四人の大統領の巨大な顔、ミシシッピの遊覧船、グランドキャニオン、インディアンヴィレッジなど、半日がかりで文字通り米国を一巡りできた。まさに米国を目で見て肌で感じる豪快な周遊アトラクションであり、「アメリカ帰りの人から何回話を聞いたところで、この一回りには及ばないだろうし、又もし実際行ったとしても、このような広い知識は求められぬであろう」（学生エッセイコンテスト・高等学校の部入選作）と大好評であった。

「空飛ぶホテル」のストラトクルーザー機「サザンクロス号」の模型展示では、人々はジュラルミン張りの美しい飛行機の巨大模型に乗り込み、飛行機の窓からニューヨークなどの街並みを見下ろすといった具合であった。アメリカ博の開催を祝し、祝賀飛行として実際に東京からサザンクロス号を飛ばし、博覧会会場の上空を三回旋回させたこともあった。一九六四年に観光旅行が自由化されるまで日本人の渡航は強い規制下にあり、当時の人々にとって、巨大な飛行機が空を飛び、自由に国を行き来するなど夢の時代だったアメリカ博の景品付前売り券の一等賞が「パン・アメリカン航空機による世界早回り旅行（ただし渡航が許可になった場合）」であったことは皮肉めいており、興味深い。

この博覧会は、当初は五月末に終わる予定だったが、期日を一一日間延長し、延べ八六日間の来場者は実に二〇〇万人を超え、大成功のうちに幕を閉じた。アメリカ博覧会の開催は急きょ決定され、準備期間は四カ月半程度と短かったが、それは戦後の反省と合衆国への理解、国家を挙げた日米親善の必要性という時流に即応したものであり、戦後の人々に経済大国である米国という目標や希望を与えたという点でも、意義深い博覧会だったといえよう。

3 原子力平和利用博覧会（一九五五年）

戦後の復興期において、今日忘れられていることが多いエネルギーにかかわるある博覧会が全国一〇カ所にわたって開かれた。原子力平和利用博覧会である。

博覧会が始まった一九五五年（昭和三〇年）の時代背景は必ずしも原子力にとって良いものではない。この時期広島原爆資料館が開館し、長崎市の平和公園が完成した時代でもあった。こうの史代の原爆を描いた名作漫画『夕凪の街　桜の国』で主人公のひとり平野皆実が原爆症で死んだのもこの時期であり、広島市内で各種の悪性腫瘍による死者は大きく増加している。加えて映画「ゴジラ」（一九五四年）を生み出したといわれる第五福竜丸事件もあったため、日本人にとって原子力といえば核爆弾のイメージであっただろう。しかしながらこの博覧会は、結果的に原子力が持つバラ色の未来を描き、大好評を博したのである。

そもそも原子力の「平和利用」という考え方は、一九五三年一二月八日の国連総会でアイゼンハワー米国大統領が行った“Atoms for peace”＝平和のための原子力演説と呼ばれる提案に始まる。アイゼンハワーはこの演説で「原子力から平和の力をとり出すことは、もはや未来の夢ではない」として、世界的な規模で核のエネルギーを非軍事的に活用することを推進すると述べた。

まず一九五四年八月に読売新聞社が新宿伊勢丹で開いた「だれにもわかる原子力展」が評判を呼び、翌年の日比谷公園での最初の原子力博に発展した。一一月一日〜一一月二二日にかけて開かれた日比谷の博覧会は三六万人以上の来場者を数えたという。この成功を受けて、原子力博は名古屋（愛知県美術館）、京都（京都市美術館）、大阪（大阪アサヒアリーナ、跡地は中之島フェスティバルタワー）、広島（広島平和記念資料館）、福岡（福岡スポーツセンター）、札幌（中島スポーツセンター）、仙台（仙台市レジャーセンター）、水戸（水戸総合体育館）、高岡（高岡古城公園）などをまわり、合計二二四万人以上の来場者を集めた。中でも、できたての広島平和記念資料館からは、展示されていた被爆関連資料をわざわざ館外に出して、原子力博の展示に切り替えている。

展示では、まず核分裂反応の原理を説明したあと、原子力発電が生み出す莫大な電力のほか、原子炉によるラジオアイソトープ大量生産によって医療や農業にもたらす変化を華やか

原子力平和利用博覧会で使用された「原子力平和利用の栞」

にみせた。博覧会のパンフレット「原子力平和利用の栞」にも登場した核分裂連鎖反応装置は、原子核が割れてほぼ等しい二つの原子核に分かれること、そして核分裂が起こると中性子が放出されて他の原子核の核分裂を続けさせることを電飾であらわした。

それから、「水素原子二個と酸素原子一個でできている水をはじめとして、地球上のあらゆる物質は原子から成り立っている。その中で、自然界に存在する原子では最も重いとされてきたウランには、原子核が安定していない同位元素ウラン二三五がある。自然にはわずかしかないウラン二三五を使って、核分裂が次々続くように『周到な設計によって仕組んだ装置』が原子炉で、原子炉登場によってラジオアイソトープが大量に、しかも安価に生産されるようになった」というように説明がある。そして、放射線が腫瘍やガンの組織を破壊し、農民は肥料の効果的な使い方を知ることができる。放射線が食べ物の殺菌、仏像や古美術の測定に使われ、原子炉は動力として機関車・船・飛行機に積むことができる。パンフレットは、核分裂の青い光が全人類の福祉のために使われ、人類の前途を無限に輝かすという言葉で結ばれた。

来場者の人気を最も集めたのは機械式アームのマジックハンド、つまりマニピュレータだった。パンフレットには若い女性がアームを操作して別の部屋にあるフラスコを動かしている写真が載っているが、入館者がアームの先端で筆をつかみ「平和」「原子力」と書いたり、全国で延べ一〇〇万人目の入場者である男子高校生が、女性コンパニオンからマジックハンドで花束を受け取りはにかむ一幕もあったという。マジックハンドは原子力平和利用の象徴として、国際社会でも注目されていた。

原子力平和利用博覧会で展示されたマジックハンドは、安全拾得器やクレーンゲーム機とは比べ物にならないほど複雑な動きができた。例えば、原子力平和利用博覧会で入館者は文字を書くことができ、米国陸軍第八軍の司令官レムニッツァー大将が来訪したときには、マニピュレータを操作していたアルバイト女学生が機転を利かせて「歓迎」の文字を大書した。

マニピュレータはこの時期、日本だけではなく世界的にも注目の的だった。一九五五年九月、原子力産業会議（Atomic Industrial Forum）の第三年次大会が、ワシントン・シェラトン・パーク・ホテルで開かれた。この会議に合わせて、米国を中心とした世界の原子力関連の企業が出品した展示会も開かれている。会議には日本から四人が参加しており、うちの一人である電源開発の川原泰治は展示会の模様を原子力新聞（現原子力産業新聞）へ寄稿しているが、それによれば会議場であるホテルの地下では、原子炉をはじめとして、合計八〇〇点にわたる原子力関連の展示品が並べられており、ここでも最も人気だったのはマニピュレータだったという。

　このマニピュレータは別名マスターアンドスレイブ。川原が両手の親指、人差し指、中指をつっこみ適当に動かすと一・五メートル先にある機械の手がその通りに動く。マニピュレータを使って、マッチ箱から棒をつかんで火をつけ人の口元までもって行き、手をふって火を消すことができたという。そして、これをみて「つくづく人の生命をまもるに金を惜しまぬ国とそれを見過ごさざるを得ない国との差を感じた」と述べた。

　原子力博の各地での開催期間であった一九五五年（昭和三〇年）〜一九五七年、国内には原子力にとって逆風になりかねない条件がそろっていたため、博覧会会場周辺を、「原水爆反対」「原子力反対」を叫ぶデモが取り囲んでいたとしてもおかしくなかったが、そのようなことは起こっていない。その点で読売新聞社社主・正力松太郎が果たした役割は大きい。彼は米国中央情報局（ＣＩＡ）の協力者として、日本人の原子力に対する恐怖心を取り除く活動に従事したのであり、原子力平和利用博覧会はまさに正力の推進する計画の中核だった。加えて、全国で開かれた博覧会に協賛したのは読売新聞社だけではない。中部日本新聞社、朝日新聞大阪本社、中国新聞社、西日本新聞社、北海道新聞社、河北新報社、茨城新聞社などその地域に影響力のある新聞社も名を連ねた。それは、原子力博がこの時代多くの日本人が求めたコンテンツだったからであろう。博覧会では原爆と原発の違いを分かりやすく教え、原子力がもたらす未来を示し、結果として各地で大成功を収めた。原子力平和利用展示の定着という意味で象徴的なのは広島の事例で、博覧会では被爆関連資料の代わりに原子力平和利用展示が置かれたが、それは会期終了後も原子力平和利用コーナーとして残ったという。この時期の日本人は一般市民、アカデミア、与野党の政治家含めて原子力平和利用にむしろ積極的だった。被爆国だからこそ平和利用をすすめる権利があると考えたのである。

そもそも一九四九年に湯川秀樹がノーベル賞を受賞したように、一九二〇~三〇年代、日本の原子力の基礎研究は世界の最先端に伍していた。だが、マンハッタン計画発動とともに米国に後れを取り、結局この遅れは取り返せなかった。戦後、「マジックハンド」=マニピュレータが現れ、この機械を使えば、人間が汚染されずに放射性物質を思うよう扱える時代になった。原子力を今度こそ操作し、新しい未来をつくる、という熱気がこのときの日本にはあったといえる。

最後に、原子力博主催者の米国広報文化交流局（USIS）は、「博覧会の呼びもの」として「黒鉛原子炉」と「CP-5型重水原子炉」の実物大模型を挙げている。黒鉛原子炉は、核分裂後に放出される中性子の速度を下げる役割を果たす減速材として、黒鉛を使った原子炉で、重水原子炉は減速材に重水を使う原子炉である。二つの原子炉を並べたのは黒鉛原子炉が簡単なつくりなので目で見て分かりやすく、最新型であるCP-5型と比較するために置かれた。ＣＰはシカゴ・パイル１号（ＣＰ－１型）はシカゴ大学に設置された世界初の原子炉である。ＣＰ－５型はＣＰ－１型の改良型で、博覧会が全国を巡回している途中の一九五六年一〇月に、日本原子力研究所がこの型の炉を米国から購入することを決定した。

現在から振り返ってみると、原子力発電所のほかに実用化した技術は少ない。ただ放射線技術への期待は多方面にわたった。例えば放射性同位体をトレーサーとして大いに利用しようとしており、放射性同位体を地面や海に流して装置で追跡すれば、海流の調査や油田の発見に使えるし、鶏・うさぎ・牛などに飲ませる実験もできると考えられていた。放射線は食べ物の殺菌に使えるし、医療の分野では腫瘍の位置特定やがん組織の破壊にも応用可能だ。原子炉は早晩分解して運べるようになるだろうし、原子炉を小型化すれば機関車・船・飛行機に取り付けられるだろう。

このような未来予測がなされた中で、医療分野は期待以上に技術が発展した。レントゲンやコンピューター断層撮影（ＣＴ）はもちろん、陽電子放出断層撮影（ＰＥＴ）検査も今は一般に普及している。その一方、農業や食品の分野での利用は、それほど進むことはなかった。しかも、今では生き物や食品に放射性同位体を添加する行為に拒否反応を示す人が多いため、将来の実用化を含めて困難かもしれない。

Column 2

家電に見る博覧会方式の店頭販売

明治から戦前戦後にかけての日本では、博覧会や新聞・雑誌で新しい電気機器を知ったとしても、実際に見たり体験したりすることは簡単ではなかった。特に家電の種類が増えるとともに博覧会より日常的な展示や購入の場が必要になった。そこでこの分野の先駆者の一つである京都電燈が一九一六年（大正五年）、四条通りに「電気の店」を開業し、電球や電気ストーブの展示販売に力を注いだ。続いて二年後には大阪電燈が大阪・心斎橋に「電気製品陳列所」をオープンしている。こちらはコンクリート三階建てで、地下にわが国初の全電化料理室と電化食堂を持つというものであった。

ところが、時代は戦時下に入り、メーカーの生産体制が著しく混乱、電球、ラジオ、扇風機といったごく一部の製品以外の流通ルートがそもそも十分でなく、敗戦後は戦災によって家電産業全体が一から出直しとなった。当時の混乱ぶりを知るために、東京・吉祥寺で街の電気屋さん（いわゆるラジオ商）をしていた五十鈴隆氏という方に聞いた話を本人の許可を得て紹介したい。

シャンデリアなどが展示された市電の店
(写真:『電燈市営の十年』大阪市電気局)

「戦中と戦後の朝鮮戦争(一九五〇年)までは、国鉄の仕事をしていました。アマチュア無線に夢中でしたが、戦中も戦後も、資材も部品もなかったです。朝鮮動乱が始まると米軍から、英語ができる技術屋の募集があり、相場の一〇倍と給与がよかったので応募して立川や横田の基地で働きました。朝鮮戦争が終わって解雇されたとき、仲間がこれからはテレビの時代だというので、ようやく自分のしたい仕事にたどり着いた思いがしました。秋葉原へ小型トラックで出掛けて荷台一杯に部品を買い、二坪くらいの狭い店を借りて、テレビを組み立ててはトラックに積んで拡声器を使って近所の団地へ売り歩きました。テレビのブラウン管は入手できなかったので丸い形のオシロスコープを使いました(筆者注・医療用の丸い画面なのでその中に四角く映る)。当時、メーカー品が七万円位のときに半値で売っても利益は半分以上あって大変もうかりました。特に当時の皇太子さまが美智子さまと婚約かという話題が持ち上がってからはものすごく売れました。当時まだ生産体制が整っていなかった松下、東芝、早川(シャープ)といった各社がいろいろ手伝ってくれました」

この話から分かるのは、生産側も買う側もいかに混乱期にあったか、ということである。メーカーはまだ生産体制も流通体制も十分でなく、それが街の店を手伝いにいっていた（できれば自社ルートに入れたい）理由である。

こうした販売店との関係づくりの他に、メーカーが非店舗型の実演販売に力を入れた商品に電気洗濯機がある。電気洗濯機は、戦後早くから製品生産能力を付け、需要獲得の必要性に直面していた。西日本での主役は一九五三年に新型電気洗濯機を発売した井植歳男（三洋電機創業者）であり、信用のおける小売店を集め徹底した講習会を行った。電気洗濯機の使い方はもちろん、洗剤の特徴とその効果まで丁寧に説明できるようにした上、場合によっては一週間顧客に電気洗濯機を貸し出すことも提案した。当時、電気洗濯機を購入するというのは主婦業を楽しているようで世間体が気になったり、あるいは夫がそうしたことに無頓着だったりと、現在ならばそれ自体で炎上しそうな理由が購入の障壁になっていたため、顧客に電気洗濯機の絶対的な利便性を見せつける必要があったからである。いわば単品の「在宅博覧会」であろう。

次に東日本で東芝は、なんとか電気洗濯機の有用性と魅力を主婦たちに訴えようと、大道芸のような実演販売で人々を引き付け、値引きをしながら売り切ってしまうことを考えた。この実演販売では「今のままじゃ洗濯じゃなくて洗多苦だ」などと言葉巧みに主婦の納得を引き出し、販売を拡大していった。こちらは単品移動博覧会と呼んだらいいだろうか。

さらに、全国的に当時まだ五万円台と高価だった電気洗濯機の拡販の決め手となったのは、戦前からあった月賦販売の復活である。各メーカーが相次いで採用した結果、家電の月賦購入が定着し、その後の冷蔵庫、掃除機といった本格的な家電ブームを後押しすることになったのである。

そして、一九五〇年代後半から一九六〇年代の「三種の神器」(白黒テレビ、電気洗濯機、冷蔵庫)の時代がやってくるわけだが、その中心的役割を担ったのは、今日まで続く家電メーカーとその系列の町の家電店であり、その店頭はフルラインアップで最新製品がそろう「小さな博覧会」のようであった。

一体なぜ経営母体も個人にすぎないこれらの店で、このような製品展示が可能だったのだろうか。経済学の世界ではよく知られた産業組織の教科書『産業組織論』（一九七三年）の中の小宮隆太郎、竹内均、北原正夫による「1・家庭電器」では、産業組織論の立場から当時の日本の家電店がメーカーの系列化によって、経営規模の小さな店でも十分フルラインアップの製品展示（在庫リスクの負担）ができるだけの仕組みを持っていた理由を分析している。特に顕著なのが十分な販売費の確保で、一九七〇年に各メーカーが発表したカラーテレビの小売りマージンは平均二二％と、規模の小さい家電店が十分やっていける水準かつメーカーからの販売リベート（研究によれば一〇～一五％）があれば、在庫リスクを負って、自分の店を訪れる消費者に最新の製品ラインアップを見せ、定期的に新製品プロモーションを行うことが十分に可能であった。

実はこうしたコスト構造は、再販価格維持の申し合わせをしているのではという疑いにつながる。一九六四年には値引き販売をしようしたダイエーに対して松下電器が取引を拒否するという松下・ダイエー戦争が勃発し、公正取引委員会の調査も入ったが、依然として家電店ルートはまだ力を維持し、一九七〇年の大阪万博の時期まで店頭は重要な場であり続けた。それが崩れ、家電店が顧客にとって新製品を見る場ではなくなったのは一九八〇年代に生まれた家電量販店が全国チェーン化してからであり、松下・ダイエー戦争が終結したのは一九九四年のことである。

第3章　一九七〇年の日本万国博覧会（大阪万博）

1

一九七〇年大阪万博の概要

万国博覧会は、正式には「国際博覧会」という。国際博覧会条約に基づき、パリに本部を置く博覧会国際事務局（BIE）に登録、認定を受けて開催することが可能となる。

国内において開催された国際博覧会は、一九七〇年の日本万国博覧会が最初となる。ただそれ以前にも、誘致に向けて国際社会に働きかける試みがあった。一度目は一八九〇年頃、農商務大臣であった西郷従道が提案した「亜細亜大博覧会」、ついで一九一二年、東京の青山と代々木を会場とする「日本大博覧会」が構想されたが実施には至らない。

そして三度目が一九四〇年、オリンピックとの同時開催のかたちで誘致に成功した「紀元二六〇〇年記念日本万国博覧会」である。東京の月島埋め立て地と横浜の山下公園の二会場、約一六〇ヘクタールが確保された。来場者数は四五〇〇万人を想定、会場と都心をつなぐ勝鬨橋も完成した。前売り入場券も順調に販売数を伸ばしたが、日中戦争が激しさを増す中、無期の延期、事実上の中止が決定した。

その後、第二次世界大戦に敗北した日本は、戦後復興を果たし、一九六四年には東京オリンピックを成功させる。ここに幻と消えた万博を開催しようという機運が高まる。

一九六四年二月、一九四〇年の万博を主導した関係者を中心に、再び万博の日本誘致が提案される。それに呼応して、大阪から万博誘致の要望書が政府に提出された。東京や千葉、滋賀なども会場候補に名乗りを上げたが、「大阪を中心とする近畿地方」での開催が優勢となる。

同年八月、「一九七〇年の万博開催を積極的に推進する」ことが閣議決定された。衆参両院の議決を受けて、一九六五年二月八日、日本は国際博覧会条約を批准し、同年四月に博覧会国際事務局に「日本万国博覧会」の開催を申請する。

並行して、計画案の作成作業が進められた。大阪国際博覧会準備委員会（のちの万博協会）は、テーマや基本理念を検討・起草するテーマ委員会を立ち上げた。茅誠司委員長、桑原武夫副委員長のもと、井深大、大佛次郎、貝塚茂樹、曽野綾子、丹下健三、松本重治、武者小路実篤、湯川秀樹などが議論に参加した。桑原は、一九六四年から「万国博を考える会」を設立していた梅棹忠夫に相談を持ち掛けた。メンバーである加藤秀俊と小松左京たちも参加し、基本理念とともに「人類の進歩と調和」と題するテーマを取りまとめた。

一九六五年四月、BIE理事会に「日本万国博覧会」の開催を申請、同年九月に正式決定した。期間は一九七〇年三月一五日から九月一三日までの一八三日間、大阪府吹田市の千里丘陵を会場として開催されることとなった。国際博覧会条約に基づく第一種一般博である。アジアで初となる国際博覧会であり、国内では「大阪万博」の略称が広く用いられた。

竹藪が密集していた丘陵を切り開いて、総面積三三〇ヘクタールの会場が造成され、多数のパビリオンが建設された。海外からは七六カ国と一政庁(香港)、四つの国際機関、九つの州市が参加した。国内からは、日本政府、日本万国博覧会地方公共団体出展準備委員会、二公共企業体、二八の民間企業等の出展者を数えた。

一九七〇年三月一四日、午前一一時、式典会場となった「お祭り広場」にNHK交響楽団による演奏が鳴り響いた。天皇、皇后両陛下をお迎えして開会式が挙行された。博覧会名誉総裁である皇太子殿下をはじめ、内外の招待客七五〇〇〇人が参列した。

「万国博マーチ」の演奏が始まる。開会式を盛り上げるべく、陸上自衛隊の音楽隊を中心に三二〇人の吹奏楽団が特別に編成された。参加登録を行った順に、コンパニオンが参加国・国際機構・政庁のフラッグとともに登場する。彼女たちが中央の花道を歩み、マイクの位置で「こんにちは」「グッドモーニング」「ボンジュール」と各国の言葉で、にこやかにあいさつを行う。国際色に富んだ演出である。

式典では博覧会名誉会長である佐藤栄作総理大臣、博覧会協会の石坂泰三会長のあいさつに続き、前開催国であるカナダ代表の祝辞、地元を代表して左藤義詮大阪府知事の歓迎の言葉が続く。天皇陛下が開会の言葉を述べられた後、皇太子殿下がスイッチを押すと、電子音響とともに各所に装備された演出が始まる。巨大なくす玉が割れて、紙吹雪と二万羽の千羽鶴が大屋根から「お祭り広場」に散布された。六〇〇発の花火が打ち上げられ、また三万個の風船が天に舞った。

演出装置を組みこんだロボットの「デメ」と「デク」も、花の香りのする霧を噴き出しながら広場の中央に移動した。白い帽子、赤い上着を身にまとった池田市立呉服小学校の吹奏楽団のパレードが始まる。民族衣装に身を包んだ子どもたち約一六〇〇人が加わり、踊りの輪が広がった。華やかな開会式の構成は、宝塚歌

1970年大阪万博の様子
(写真：毎日新聞社)

大阪万博の開会式典で、お祭り広場一面に舞い降りる紙吹雪（写真：朝日新聞社）

劇団の演出家である内海重典が担当した。

一九七〇年大阪万博の計画段階では、当初、入場者数を三〇〇〇万人と想定したが、五〇〇〇万人規模に上方修正がなされた。春から夏へと気候がよくなるにつれて内外から多くの人が会場を訪問した。九月五日には八三万五八三二人もの入場者を記録、帰宅できなくなった多くの人が朝まで会場にとどまった。

会場は混雑を極め、人気のパビリオンでは待ち時間が数時間にもなった。新聞は「万国博」ではなく「残酷博」、あるいは「人類の進歩と調和」というテーマをもじって「人類の辛抱と長蛇」などと揶揄した。最終的には予測を超えて六四二一万八七七〇人を動員、国際博覧会の従来の記録を塗り替えた。

2

大阪万博の運営管理

大阪万博では、運営に当たって国内では先例のない各種のシステムが採用された。計画段階では「お祭り広場」の地下に巨大な中央機械室を設けて、会場内のすべての施設を集中的に管理する案が提示された。設計者たちが「人工気候」と呼んだシステムである。しかし全パビリオンを対象とすることには、強い反対意見があった。代案として、シンボルゾーンの施設、美術館、「動く歩道」内など、万博協会が直営する施設に限って、まとめて冷房を実施する「地域冷房」の導入が検討された。

実際には経費の関係もあり、中央にプラントを集約する「集中冷房」の方式そのものが見直されることになる。最終的には会場の北、南、東の三カ所に冷水プラントを設置、冷却水をパイプで各所に配送する仕組みが導入された。配管の総延長は往復合わせて二四キロメー

会場には美浜原子力の電気が届いた

トル、冷却能力は合計三万冷凍トンあり、当時としては世界最大級の施設であった。

大阪万博におけるエネルギーに関しては、若狭の原子力発電所から初めて送電が行われたことも述べておく必要があるだろう。

関西電力は一九五七年以降、急増する電力需要に応じるべく「原子力部」を発足、原子力発電所の建設を検討する。さらに万博の開催が決まると「万博に原子の灯を」を合言葉に、五〇万キロボルト送電線（当初は二七万五〇〇〇ボルト送電）の若狭幹線を建設した。

先行したのが、日本原子力発電の敦賀発電所一号機である。一九六六年に設置許可を得て、米国ゼネラル・エレクトリック（GE）社製の軽水炉を購入して建設された。日米の技術者は、送電を大阪万博の開会式に間に合わせるべく作業を進めた。

一九六九年一〇月に初めて臨界に達し、翌年三月一〇日午前零時より全出力試運転を行った。万博の開会式が挙行される三月一四日午前四時に、条件である一〇〇時間の全出力運転を達成、そのまま営業運転を開始した。開会式では「原子力の灯がこの万博会場へ届いた」

という趣旨のアナウンスがなされることになる。

福井県美浜町の加圧水型軽水炉（ＰＷＲ）商業炉である関西電力の美浜発電所が後に続く。八月八日に一万キロワットの発電を行い、試験送電を行った。万博会場に電気が届いた午前一一時二一分、電光掲示板に「本日、関西電力の美浜発電所から原子力の電気が万国博会場に試送電されてきました」と表示された。

革新的な情報システムを導入

大阪万博では、革新的な情報システムの導入が検討された。各所で得られる各種の情報をいったん「電子計算機センター」に集めた上で、会場内のリアルタイム状況を各所に提供、必要に応じて電光掲示板に情報を掲出する「総合情報システム」が構築された。

各種の情報システムは、おおよそ四グループに分類される。すなわち、電信や電話などの「公衆電気通信システム」、警備救急活動のための「情報伝達処理システム」、コンピューターを中心とした「データ通信情報処理システム」、そのほか「電光案内・有線放送・原始時計などのシステム」の四種である。

このうち「データ通信情報処理システム」は、「展示や催し物などに関する主要行事案内情報」「駐車場情報」「待ち合わせ案内情報」「上下水道制御情報」「迷い子・遺失物案内情報」

「入退場者情報」「場内混雑情報」の各サービスと「情報交換システム」から構成された。会期中に実施される催事や展示について、期間、時間帯、場所、国名、テーマ、種目、VIPなどのキーワードから、場内の案内所にある端末で入場者が検索できるように、システムが構築された。また場外からも、電話で問い合わせることも可能であった。

各出入り口には、「光ビーム検出器」が設置された。その日の入場者数や、会場内の滞留者の状況は、センサーから集められるデータを集計して把握された。

場内の混雑情報も収集された。動く歩道や協会直営の建物に装置された圧力検出器で、その日の状況が自動的にカウントされた。場内のガードマンが、押しボタンカードダイヤル電話で入力したデータも加味しつつ、会場内の混み具合は「混んでいる」「普通である」「空いている」の三段階で把握された。

二万台を収容する六カ所の駐車場の状況を把握する「駐車場情報サービス」も用意された。五二カ所の出入口にループコイル検出器を埋設、自動的に通過交通量が検出された。直進・右折・左折など自動車を誘導する標識も設置、円滑な駐車を促した。

迷子に関する情報サービスも、新しい試みであった。子供が案内所に保護されると、名前、年齢、性別、特徴、保護場所のデータがコンピューターに登録される。親からの問い合わせに応じて検索、照会ののち、テレビ電話で親子の対面による確認がなされるという手順が取られていた。

「動く歩道」が登場、各地に普及する契機に

次世代の交通機関の可能性を模索するべく、新たな移動手段の実証性に関するテストも行われた。

会場内の交通計画を取りまとめるに当たっては、「低速大量」「中速大量」「高所観覧」「場内遊覧」の四種の輸送機関によって、各種のネットワークを構成することが検討された。それぞれに役割を分担、観客の流動が速やかに、かつ局所的な滞留が発生しないように配慮することが与件として定められた。

特に多くの人の移動をさばく「低速大量輸送機関」に関しては、どのような方法が最適なのか、様々な可能性が検討された。計画段階では、エネルギーや通信関連の施設と一体化、共同溝の一部となる「装置道路」が構想されたが、実施案では、輸送能力の高さと待ち時間が実質ゼロになるという利点を鑑みて、「動く歩道」を主要な幹線に配置してネットワークを構築するアイデアが採用される。

地上五メートルの高さに、透明なアクリル樹脂で覆ったチューブ型の構造体を建造、シンボルゾーンから各所のゲート、サブ広場を連絡するように枝状に配置された。高架にしたの

は、地上の通路と立体交差させることで混雑を分散させ、会場内を観覧する展望所の役割も兼ねるという配慮があったという。

チューブ内は夏季の猛暑への配慮から冷房を装備、一分間に四〇メートルの速度で移動する二本のベルトコンベヤーが用意された。パレット方式、ベルト方式、ベルトパレット方式の三種類を併用、一時間に一レーン当たり七〇〇〇人を輸送する能力があった。

一方「中速大量」の乗り物として、モノレールが用意された。四・三キロメートルの単線循環式、時計の針とは逆に一五分で会場を一周する。四両六編成が二分半の間隔で、自動運転で走行した。最大の輸送力は一時間当たり二万五〇〇〇人であった。

また「高所観覧」としてはロープウエー、「場内遊覧」には電気自動車によるタクシーが用意された。場内遊覧用タクシーとして、六人乗りのセミオープンの車両七〇台を配置、巡航速度は時速一五キロメートル、定員六名、鉛蓄電池を積んでおり、一回の充電で一二〇キロメートルを走行することができた。

展示パビリオンの間を結ぶ動く歩道

（写真：dpa/時事通信フォト）

中でも「動く歩道」による「低速大量輸送」は、大きな事故もなく有効であることが確認された。大阪万博が、その後、各地に普及する契機となった。

3

大阪万博の環境演出

一九七〇年大阪万博は、新しい展示技法の実験場ともなり、各館がマルチスクリーンや大型スクリーンを用いたため、「映像万博」の異名があった。また鉄鋼館や西ドイツ館など、電子音楽や前衛音楽による演出を売り物とする展示館もあった。「映像と音響のＥＸＰＯ」などと呼ぶ人もいた。

映像と空間デザインとを融合して、従来にない環境演出が試みられた。デザイン面にあっては、サイケデリックな表現やスペースエイジデザインが特徴的であり、建築にあっては、建築の工業化を前提とするカプセル建築やメタボリズムの展示館、空気膜構造やジャッキアップ工法といった大空間を創出する技法が導入され、大いに着目された。夜景の演出にも、注目するべき事例があった。

大阪万博には、当時の日本を代表するクリエイターが総動員された。とりわけ若手のデザイナーが活躍する機会が提供された。

もっとも、国家プロジェクトの大阪万博に反対する知識人も少なくなかった。「ハンパク」である。一九七〇年の反安保活動の盛り上がりを減圧すべく、首都から大阪に人々の関心を逸す意図があるのではなどと論陣を張った。建築家や芸術家が協力すると、「踏み絵」を踏んだと非難されるケースもあったという。

亀倉雄策は一九六九年二月二一日の読売新聞夕刊に、万博に動員された「前衛芸術家」として、次の人たちを紹介している。

建築家＝前川國男、坂倉準三、丹下健三、磯崎新、菊竹清訓、村田豊、原広司、芦原義信。

画家＝岡本太郎、高松次郎、山口勝弘、堂本尚郎、田中信太郎、宇佐美圭司、岡本信治郎、イサム・ノグチ。

デザイン＝粟津潔、田中一光、河野鷹思、横尾忠則、杉浦康平、勝井三雄、増田正、安斉敦子、福田繁雄、仲條正義、石岡瑛子、細谷巌。

音楽家＝石井眞木、一柳慧、黛敏郎、武満徹。

映画＝市川崑、勅使河原宏、恩地日出夫、松山善三。

評論家＝川添登、勝見勝、安部公房、浜口隆一。

さらに亀倉は「ここにならべた人は氷山の一角にすぎない。あっと驚くような前衛芸術家がまだまだ参加しているはずである」と付記した。実際、小松左京、福島正実などのSF作家、手塚治虫や真鍋博といった漫画家やイラストレーター、田中友幸や円谷英二など特撮映画に関わったプロデューサーや監督、倉俣史朗などのインテリアデザイナーも、大阪万博に活躍の場を見いだした。

モントリオール博が影響

この背景にはモントリオール万国博覧会の影響を見てとることができる。

モントリオール博は一九六七年四月から一〇月まで、カナダ建国一〇〇周年、およびモントリオールに入植が始まってから三二五年になることを記念して実施された。テーマは「人間とその世界」、会期中に五〇三〇万人の入場者を動員した。大阪万博の関係者の多くは、この万博を参照とするために訪問した。

新しい集合住宅のモデルとして建設された「アビタ六七」、建築家バックミンスター・フラーが提唱した「ジオデシック・ドーム」を実践したアメリカ館など、ユニークな展示館が目についた。また多くの展示館が、巨大スクリーンや多面スクリーンなど多様な映像展示の手法を駆使して、入場者を驚かせていた。

例えばカナダ政府館は「回転劇場」と呼ばれ、観客席が回転、四分ごとに異なる四室のマルチスクリーンの映像を見てまわる趣向であった。「ラビリンス」と題する映像館は、古代ギリシア神話を現代風にアレンジ、迷路を主題とする五面マルチスクリーンの映像ショーを提供した。また「カレイドスコープ」と呼ばれるパビリオンでは、映像と鏡を組み合わせることで、入場者は万華鏡の中に入ったような経験をすることができた。

六館からなるサブテーマ館は、縦長と横長のスクリーンを駆使、人間の頭脳を大きな透明造形にして、「目に見えない世界」を映像と照明で可視化した。人間が主題であるため、「赤ちゃん誕生のシーンが目立った」と、『小史にかえて 博覧会と田中友幸』(日本創造企画)において前田茂雄は述懐している。

ウォルト・ディズニーがプロデュースした「カナダ電話館」は、九台の映写機を駆使、三六〇度のスクリーンに展開するマルチ映像が目玉であった。また「コダック館」では噴水へのスライド投影がなされて斬新であった。

大阪万博に影響を与えたモントリオール博
(写真:Bob Gomel / The LIFE Picture Collection via Getty Images)

中でも人気を集めたパビリオンが、チェコスロバキア館の「ディアポリエクラン」であった。それぞれ凹凸しながら動く、一一二面の方形のマルチスクリーンに、二二四台の映写機を用いて一万五〇〇〇枚のスライドを投影した。一秒間に五つの割合で、それぞれの画像が切り替わる。革新的なマルチスクリーンを利用した作品であった。

この時の日本館では、商品や技術を展示する従来の手法に終始していた。モントリオール博での見聞を通じて、万博が従来のように「物や商品を見せる場」ではなく、「情報を提供する場」に転じたことを、日本の博覧会関係者も実感した。

多彩な映像手法も注目

このような背景もあって、大阪万博でも多くのパビリオンが多彩な映像手法と表現を工夫することになる。

マルチスクリーンを用いると、全体として巨大な面積のスクリーンを確保することができる。全体で一つの絵とすることもあれば、それぞれに異なる写真を投影して、複数面を生かした映像ショーを展開することもできる。

日本館では、一二〇面マルチスライドによる「オルゴラマ」があった。加えて大ホールの八面マルチスクリーンは縦一六メートル、横四八メートルという巨大なもので、市川崑演出による映像作品『日本と日本人』が上映された。

電力館では高さ八・六メートル、幅二二・五メートル、縦長五面のマルチスクリーンに、泉眞也がプロデュースし、太陽を中心とした各国の人々の営為を映した「太陽の狩人」が投影された。

サントリー館は、縦三面、横二面、高さ一七・二メートル、幅一六・五メートル、上下に屈曲した六面マルチスクリーンが装置された。勅使河原宏が監修した「生命の水」が上映された。

電力館で投影された「太陽の狩人」
（写真：朝日新聞社）

観客席そのものが、移動する展示館もあった。中小企業が共同出展を行った生活産業館は、観客席が回転して部屋を移りながら、複数の映像を見ることができた。前回、紹介したモントリオール万博の「回転劇場」を応用した手法である。

大型の昇降機が観覧席になり、映像空間に没入するような感覚を喚起する展示もあった。東芝ＩＨＩ館は、九面マルチスクリーンによる三六〇度投影の劇場「グローバルビジョン」内を、昇降し、回転する観客席から全面を見ることができた。

三井グループ館の主たる展示は、「トータル・シアター」であった。観客は上下し、また回転する三基のターンテーブルに乗り、映像、照明、音響から構成される総合的なスペクタクルを体験する。三五ミリの映写機九台、十六ミリ映写機一二台から投影される映像作品の内部に身を置いて、浮遊する感覚を味わうことができた。

天井にマルチスクリーン

映像装置を工夫したユニークなパビリオンもあった。

例えばブリティッシュ・コロンビア州館では、天井にマルチスクリーンを展開、モントリオール博においてチェコスロバキア館を担当したスタッフが先鋭的な映像を投影した。中華民国館では、台湾の現状を投影するマルチスクリーンに加えて、床面を利用した映像作品も用意された。

富士グループ・パビリオンの映写は、「トータル・エクスペリアンス（全的体験）」と命名された。ドーム正面に、カナダのマルチ・スクリーン・コーポレーションが制作した縦一三メートル、横一九メートルのスクリーンが用意され、特別に開発された二一〇ミリフィルムの作品を上映した。ひとつの画面への投影であるが、編集で画面を分割した作品としたことで、マルチスクリーンと同様の効果があった。

建物の内壁や外壁を投影対象とする趣向もあった。リコー館は、円筒型のパビリオンの外周に回転する歩道を設置、レンズを通して壁面に投影するスライドショーを見る趣向であった。

方形ではない異形のスクリーンを用いる工夫もあった。ベルギー館は、複数の円形スクリーンを設けて、様々な映像を投影して見せた。また、みどり館は、直径三〇メートル、高さ二三メートルのドームに全天全周映画を上映、「アストロラマ」と命名した。三五ミリのカメラを五基、ユニット化して撮影した作品を投射した。ドームの内面を、三角形の五面スクリーンに分割することで、半球への投射を実現させた。

館内の壁面に巨大スクリーンを撮し出す富士グループ・パビリオン（写真：朝日新聞社）

カナダ館は、三角形の大型スクリーンにカナダ国立映画局が撮影した「国土」と題する作品を投影、奥行きが強調される映像体験を感じることができた。また同館の第四会場には、ウエスチングハウス社が制作した小型発光板をモザイク状に組み合わせた特殊スクリーンが設置され、発光板の点滅によって、アニメーションのような効果が発揮された。

意外な場所に、映像を投射する試みもあった。スカンジナビア館は、入館者が配布された白紙に、天井から垂直に落ちる複数のスライド映像をすくうように受け取る「ハンドスクリーン」の演出が採用された。

三菱未来館や虹の塔など、煙への投影を行ったパビリオンもあった。日本専売公社(現JT)が出展した虹の塔では、三面マルチスクリーンを装備した館内のホール内に、煙を噴出させ、そこに人間の姿をした映像を投影した。松山善三が構成を担当した。

実演と映像の融合も

実演と映像作品を融合する試みもあった。エキスポランド内には「ラテルナマジカ」を上映するシアターがあった。映像とパントマイムの舞台を融合するチェコスロバキアの作品である。同様の仕組みは、人形劇と映像を組み合わせる住友童話館の「夕鶴」などでも見ることができた。

またディスプレーの造形物とスクリーンを組み合わせる工夫もあった。フランス館では、巨大なサングラスのガラス面、多数のテレビのブラウン管などをスクリーンとして利用するなど、ディスプレー装置と投影スクリーンを合体させた展示がユニークであった。

同様に映像と立体造形を融合する発想は、テーマ館の地下展示にも採用された。人間と自然の根源的な結び付きを映像と展示を組み合わせて見せるべく、多様な展示が用意された。その中で「いのち」のセクションでは、三六面の半球型マルチスクリーンを組み合わせた造形物を置き、アメーバや細胞組織、微小生物の映像を映し出した。スクリーンをオブジェ化して見せるアイデアが採用された。

飯村隆彦は、日本における実験映像の草分け的存在として著名な映像作家である。彼は「万国博の映像表現」と題する文章を、「SD」（鹿島研究所出版会、一九七〇年八号）の「インスタント・シティの幻想と現実〈万国博〉」特集に寄稿、「マルティプル・スクリーン」が会場内の各パビリオンなどで使用されている状況を論評する。

そこで飯村が高く評価したのが、せんい館とペプシ館の試みである。せんい館では、松本俊夫の作品「アコ」が上演された。ここでは一定のスクリーンを設けず、縦長の内壁全面に、複数の投影を相互に干渉させながら「フレーム・レスの映像」を展開した。「アコ」というひとりの女性の映像に限定することで、「同一人物の多面的な映像を周囲に分解」して見せる試みがなされていると飯村は分析する。

またホール内の各所には、横尾忠則がデザインした同一人物をモチーフとしたレリーフが用意されていた。その上にも投影がなされ、立体と映像の合成が試みられる。「アコ」の映像は、サイケデリックだが、そこに「動作と休止が可逆的に操作」された「能的な動き」もあると飯村は指摘した上で、そこに日本的、ないしは東洋的な「体質」を見いだしている。

飯村隆彦は、一九六四年に実験映画製作上映グループ「フィルム・アンデパンダン」を結成、ニューヨークを拠点として活動した。大阪万博の各パビリオンを見て回った飯村が、せんい館とともに、高く評価したのがペプシ館の演出である。

ペプシ館は、E・A・T（芸術と工学の実験協会）というグループが構想した。「垣根なき世界」がテーマであった。同会の会長は物理学者のビリー・クルーバー、副会長は前衛芸術家のロバート・ローゼンベルグである。そのほか、米国と日本の作曲家や建築家などが参画したという。光と音楽と映像を総合した企画である。

イヤホンを組み込んだ装置を腰につけて入館する。内部は全体に曲面鏡が張り巡らされ、それぞれが回転する。床は材料の異なる一四の区画に区分され、それぞれにふさわしい音が聞こえてくる。人工の霧がたちこめる部屋や、自分の話し声がわずかに遅れて聞こえるといった装置もあったようだ。

ホール全体に設置された鏡面の効果によって、観客の立ち位置次第で自身の倒立像が異なった場所に出現する。一人一人の見る映像は異なり、二人が同時に同じ映像を見ることはない。「観客の一人一人が環境を構成する要素」となる。

他のパビリオンの映像展示で「見ること」に慣れた観客は、「見る－見られる」という関係の逆転を通じて、視覚の解放を経験する。「眼は、対象を見ることにおいて、自らを見ることなしには、常に対物的たらざるをえないだろう。ペプシ館はこの関係を極めて意識的にとりあげたまれな例である」と飯村は書いている。

また飯村は、偶然入ったオランダ館の展示も印象に残ったという。立体的な迷路状の動線に沿って、上下左右に大小様々な大きさのスクリーンを二五面マルチとなるかたちで設置、鏡で反射、曲折して多彩な風景の映像が投影される。フィリップス社の技術を駆使して、マルチスクリーンを環境化する試みである。飯村は、歩くたびに変化があるオランダ館の構成を、「風景のキュビスティックな展開」、さらには「映像の迷路」であると評している。

総括として飯村は「万国博におけるマルティプル・スクリーンは、その映像言語の一歩を歩き出したばかりである」と

人工の霧や光が雰囲気を作り出したペプシ館
（写真：大阪府）

書いている。

「ディスプレイ業」の誕生

大阪万博では、映像表現だけが着目されたわけではない。様々な環境演出や空間造型の可能性が広がった。その種の仕事に関わる新しい業態と専門家集団を、「ディスプレイ業」として規定する機会となった点も注目に値する。

わが国では、近代以降、博覧会や展示会に関わる各種の造作や運営を請け負う職人集団は、自らの仕事を「ランカイ屋」「博展業」などと呼んだ。また百貨店のショーウインドーや店舗装飾の制作を請け負う事業者は、「展示造型」「展示美術」「展示装飾」「商工美術」などと自称した。

大阪万博の開催が決まり、準備が進められる中、関係省庁や万博の主催者との折衝を進める上で、公的な全国組織が必要となった。そこで従来は「博展装置業」「展示装飾業」「商工美術」と呼ばれた多様な業種を統べる枠組みとして、「ディスプレイ業」という概念が選ばれることになった。

一九六七年、東京展示造型業協同組合が「東京ディスプレイ協同組合」と改称したのを先鞭として、全国各地で、「ディスプレイ協会」「ディスプレイ協同組合」といった同業者組合が組織化される。これを受けて一九団体、三八一事業所からなる任意団体「日本ディスプレイ業団体連合会」が結成され、一九六九年二月に通商産業省の所管として法人格を得る。万博を成功させたのち、業種として社会的な地位を得てゆく必要が生じる。まず一九七二年に「展示装置製造業」として製造業の新業種、一九八四年になって調査企画・設計・展示構成・製作・施工等を一貫して行う「その他の事業サービス業」として認定された。

その後、「ディスプレイ業」が関わる領域は、俗に「ショーウインドーから都市計画まで」といわれるほどに多様化を果たす。大阪万博に続く、沖縄海洋博、つくば科学万博などの国家イベント、一九八〇年代以降のテーマパークや大型商業施設の流行、ジャパンエキスポや地方創生の動きといったメルクマールとなる出来事、さらには様々な技術革新の影響を受けて、業界はおのずと変貌をみた。

「ディスプレイ業」を再定義すれば、「空間を媒体とした双方向性を有する統合的な情報産業」ということになるだろう。博覧会は、映像技術の進化を啓蒙するだけではなく、環境表現に関わる新たなビジネスモデルを示すショーケースでもあったわけだ。

4

大阪万博とパビリオン

一九七〇年大阪万博では、「電化」に関わる新たな試みが会場内の随所で展開された。電気技術を生かした展示、および高い評価を得たパビリオンを順に紹介していきたい。

大阪万博にあっては、各パビリオンがユニークなデザインを競い合い、施工や構造面でも、従来にない試みが行われた事例がある。

新陳代謝を前提に、変化し、成長する都市建築を想定した「メタボリズム」の理論が、複数のパビリオンで応用された点が注目された。黒川紀章が設計を担ったタカラ・ビューティリオンなどが好例である。フレームの中に、工場で制作された方形のユニットが組み込まれており、現場での施工は7日間で完了した。

空気膜構造の建物も話題になった。アメリカ館は、長径一四二メートル、短径八三・五メートル、床面積一万平方メートルに及ぶ楕円形のエアドームである。ガラス繊維に塩化ビニールをコーティングした膜をワイヤロープで補強、送風機で館内に空気圧を加えることで、一八センチの積雪荷重にも耐える強度が確保された。

ほろ馬車のような外観が人気を集めた富士グループ・パビリオンは、一六本のエアビームを横に連結することで、高さ三一メートルもの巨大な無柱空間を創出させた。直径四メートト

美しく生きるよろこびテーマにしたタカラ・ビューティリオン（写真：朝日新聞社）

ほろ馬車の外観が人気だった富士グループのパビリオン（写真：大阪府）

ル、長さ七八メートルの各ビームは、特殊加工した高強度ビニロン帆布を継いだもので、外圧より〇・〇八気圧ほど高い空気を常に送風して自立させた。気象状況によっては〇・二五気圧ほど高くすることで、秒速六〇メートルの暴風にも耐えるものとされた。電力館の水上劇場も、三本のエアビームによって、水面に浮かぶ外径二三メートルの円形建築物を支持する構造であった。

万博で披露された技術や工夫が、私たちの生活に、すぐさま実用化されている。カプセルホテルも大阪万博にその発祥がある。第一号が、カプセル・イン大阪である。現在でも営業を続けている同カプセルホテルは、一九七九年に営業を開始した。母体であるニュージャパン観光は、サウナを経営していた。当時、残業で終電を逃してしまったサラリーマンでサウナの仮眠室が満員になり、時には通路で眠る人もあった。同社はこの状況を解決するべく、大阪万博での黒川紀章によるカプセル建築に目をつけ、黒川に宿泊用のユニットの設計を依頼、世界初のカプセルホテルを実用化した。

アメリカ館のエアドームもその一つである。柱のない大空間を創出する空気膜構造を応用、一九八八年に東京ドームが完成している。

初のシンボルゾーン設置

会場計画にあっては、従前の万博にはなかったアイデアとしてシンボルゾーンが設けられることになった。

会場の中央、南北の軸線に沿って北端に万国博美術館と万国博ホール、水面を挟んで「お祭り広場」、テーマ館、鉄道と連絡する万国博覧会中央口が一列に並ぶ。さらに南の軸線上に、万国博協会ビル、エキスポタワーが建設された。

シンボルゾーンに設けられた催事場は、神社境内など祭礼の場の伝統と重ねあわせつつ、「お祭り広場」と命名された。基幹施設の総合プロデューサーとなった丹下健三は、「お祭り広場」に関する総合演出の立案を磯崎新に委ねた。

磯崎は、演出装置を兼ねたロボットを配置、「お祭り広場」を情報化社会の「インビジブル・モニュメント」と位置付ける案をまとめた。磯崎の提案のうち、二体の演出用ロボットであるデメとデクが実用化された。

シンボルゾーンの中核となる施設として、テーマ館が企画された。プロデューサーに岡本太郎が着任した。博覧会テーマである「人類の進歩と調和」を表現すべく、地上、地下、空中の三層にわたる展示空間が構想された。

テーマ館や「お祭り広場」を覆うように大屋根が架構された。幅一〇八メートル、長さ二

太陽光が通過するように工夫されたお祭り広場を覆う大屋根

九一・六メートル、三万二千平方メートルの広さを覆い、六本の柱で支持された世界最大規模のスペース・フレームである。上下の弦面を一〇・八メートルの方形グリッドとし、その間に斜材を角錘状に連結する立体トラス構造とした。

上面を世界初となる透明ニューマチック・パネルでカバー、太陽光が透過するように工夫した。施工の際には、地上で組み立ててジャッキで三〇メートルの高さにまで持ち上げるリフトアップ工法が用いられた。これだけ重量のある大架構をリフトアップする試みは世界初の挑戦であった。全国の建築関係者が注目する中、一九六九年七月に工事は無事終了した。

シンボルゾーンの南端に、会場全体のランドマークとなることが想定されたエキスポタワーが建設された。展望塔に加えて、無線通信用の中継アンテナという機能も託された。高さ一二七メートル、三本の支柱の上方に九つの多面体のユニットが取り付けられ、それぞれ展望室や展示室、機械室として使用された。支柱とユニットを増やしていくことで拡張できる、いわゆる「塔状都市」のモデルが提案された。

地下展示では、「生命の神秘」をテーマに、進歩や調和の根源にある混沌とした原始的な体験が提供された。地上展示は「現代のエネルギー」をテーマに、人間の生き方の多様さ、その素晴らしさや尊厳が表現された。そして川添登がサブプロデューサーを務めた大屋根上部の空中展示では、「未来の空間」をテーマに、各国の建築家が手掛けた未来都市の模型群、世界最大の絵本、原爆のキノコ雲を象徴するビジュアルなどが出展されていた。

地下展示と空中展示を連絡するエスカレーターを収める覆屋として、高さ約七〇メートルの「太陽の塔」が建設された。塔の頂部には、ステンレス鋼板に金色の特殊塩化ビニールフィルムを貼付した直径一〇・六メートルの「黄金の顔」が据えられた。胴体正面には直径一二メートルの「太陽の顔」、背面には直径約八メートルの「黒い太陽」が配置された。腹部にデザインされた前面の赤いイナズマ模様と、背部の黒いコロナ模様は、イタリア産のガラスモザイクタイルで仕上げられた。また地下の展示には、第四の顔となる「地底の太陽」が据え置かれた。

「太陽の塔」の内部には、約四一メートルの「生命の樹」が設けられた。幹や枝に二九二体もの造形物を配置、アメーバ、爬虫類や恐竜、哺乳類を経て、霊長類へと生命が進化する様子が表現された。天井は雲のように光る演出がなされ、前衛な音楽が塔内に響き渡った。

岡本は「太陽の塔」を、過去・現在・未来の三つの層が重なり合って構成するマンダラの

「祭神」であると位置付けた。大屋根に設けられた円形の空間から上方に伸びて、左右に腕を広げる「太陽の塔」の姿は、大阪万博を代表するシンボルとして親しまれた。

また「太陽の塔」の西に「母の塔」、東に「青春の塔」が建設された。「母の塔」は大屋根上の空中展示から地上に戻るエスカレーターを収める装置でもあった。

エキスポタワー建設までの道のり

万博会場のランドマークとなるべく、シンボルゾーンの南端の高台に、高さ一三〇メートルから一八〇メートルに及ぶ回転展望台付きのシンボルタワーを建設する案が検討された。

この高塔は会場内を結ぶロープウエーの支柱を兼ね、上部にはロープウエーの乗降駅を設置することも考えられていた。さらに開会の二年前には先行して完成させて、万博開催に向けてムードを盛り上げる広告塔の役割も託されることとされた。

基幹施設を設計していた丹下健三のグループは、高さ四〇〇メートル級のタワー案に改める。東京タワーやエッフェル塔を凌駕、塔頂部からは四国までを見渡すことができるというものだ。建設費は二八億円が見込まれた。実現すれば、シンボルゾーンの大屋根と一対となるシンボルとなるはずであった。

三菱グループが費用負担を申し出た。三菱案は、地上高さ一五〇メートルと二五〇メートルの位置に回転式の展望台を設ける高さ三五〇メートルから三八〇メートルのタワーを建設する。万博終了後も三菱グループが運営することで建設費を回収すると想定した。

しかしこの計画は中止される。巨大なタワーが、伊丹空港（大阪国際空港）を使用する航空機の離着陸に支障を来す恐れがあるとされた。近傍の団地からは、見下ろされることに対する反発があった。また万博のランドマークが企業の広告塔となることもあって、大阪府知事も反対した。

都市の新陳代謝を表したエキスポタワー

計画は見直される。結局、高さ一二七メートルの展望塔を建設、遊園地の無料施設として公開することで決着を見た。「エキスポタワー」と命名されたシンボルタワーは、鋼管を組み合わせたスペース・フレームで構成された三本の支柱に、多面体のユニットを九つ載せた展望塔である。同時に、無線通信用の中継アンテナという機能を兼ねていた。

設計は建築家の菊竹清訓。建設には約八億円が投じられた。工事の様子は、熟練工であるとび職の生き方に焦点を当てつつ、ＮＨＫのドキュメンタリー番組として放映された。

エキスポタワーは単なる展望台ではない。都市も新陳代謝を繰り返して成長する有機体として捉える「メタボリズム」の作品であった。必要に応じて支柱と大小のユニットを追加すれば、無限に増築が可能となる。増殖可能な未来都市の姿を提示するものであった。

「日本と日本人」を世界に訴求

大阪万博の最大の展示館が日本館であった。敷地面積は三万七七九一平方メートル。ちょうど国土の一〇〇〇万分の一に当たると説明された。高塔を囲むように円筒形の五棟の建物が配置された。桜の花びらのような構成は、まさに日本を表すにふさわしい。万博のシンボルマークをかたどったものでもある。

テーマは「日本と日本人」。日本という国、日本人という民族がどのような過去を経て、またどのような理想を持って未来へ進むのかを世界に訴求する狙いがあった。同時に、国民には強い自信と希望、そして誇りを持ってほしいという思いが託された。

一号館は「むかし」がテーマである。仏教が伝来し貴族文化が栄えた上代、宋や明から流入してきた文化と禅文化が形作る鎌倉・室町時代、安土桃山時代を経て江戸時代、西洋文化の洗礼を受けた明治時代、そして現代へと続く歴史が模型や写真とともに紹介された。江戸時代の庶民文化を伝えるために設置された文楽人形は、自動装置によって所作を演じた。

続く、二号館と三号館は「いま」をテーマとする。戦後復興を果たした日本のエネルギーとたくましさが示された。二号館では、巨大タンカーの船尾をモチーフとする鋼鉄の壁が圧巻であった。三号館では、農業や海洋開発に関する展示が展開された。「日本の海洋」と題するコーナーでは四面のスクリーンを利用、一五〇人を定員とする潜水艇に乗って、海中旅行の映像体験を楽しむことができた。

四号館は「あす」が主題である。未来に向けた日本の高い科学技術を示すことが意図された。南極探検の様子やファイバースコープ、耐震建築などが陳列された。国鉄はリニアモーターカーの模型を出展した。ここには、もう一つの目玉としてアポロ計画によって持ち帰られた「月の石」も展示されていた。大きさは四〜五ミリほどの小さなもので、プラスチックに埋め込まれていた。

黒いキノコ雲やくすんだ血の色を表現、原子爆弾によって受けた日本人の悲しみを込め

日本館のテーマは「日本と日本人」

た巨大なタペストリー、「かなしみの塔」も注目された。オレンジと赤の太陽を中心に据え、原子力の平和利用による人類の幸福を願う「よろこびの塔」と対になる展示である。

五号館は巨大スクリーンのあるシアターで、新開発のカメラで撮影された「日本と日本人」と題する映画が、連日、上映された。

様々な夜景の演出

電化の視点から国際博覧会を見ると、夜景の演出手法が注目される。一九七〇年大阪万博でも、各パビリオンや主要施設に対して、美しいライティングが試みられた。

会場の基盤施設では、シンボルゾーンの「夢の池」に設置された噴水群の夜景が印象的であった。造形は彫刻家イサム・ノグチが手掛けた。円筒状の「星雲」には、ノズルから霧を噴出する演出が施された。

「彗星」と命名された高さ三三メートルの噴水塔は、アルミ鋳物製の箱を高く掲げ、その下のジェットノズルから水を噴射した。ドーナツ状のステンレスを十字に組んだ「宇宙船」も、回転しながら水を噴射した。そのほか「コロナ」「宇宙船」と命名された噴水があり、いずれも光の投影によって、涼しげに演出されていた。

各国、および企業によるパビリオンでは、スイス館の演出が優れていた。夜景の創出という点にあって、この万博の白眉であったと言っても良い。

スイス館は、「調和の中の多様性」をテーマに掲げ、「光の木」と呼ばれたデコレーション・ツリーのある広場、展示室で構成されていた。外構が最大の展示空間となっていた点が、特色である。動線の設定はなく、入館者は「光の木」の広場や、「スイスの文化」「観光地としてのスイス」「スイスの経済と産業」の三つのテーマを示す展示室を自由に移動することができた。

夜間の電飾が目を引いたスイス館

象徴的な「光の木」は、アルプスの樹氷をイメージした巨大な彫刻作品である。表面をアルミニウム板で覆った特殊鋼材を三七〇トンほど用い、中央の柱から大枝、中枝、小枝を伸ばした。
「小枝」の先端には、合計三万二〇三六個の透明ガラス白熱電球が取り付けられ、夜になるときらめく樹氷のように輝き、幻想的な景観を提供した。また夏季には涼を提供する趣向もあった。幹の根元の地下部分に空気調整装置をセット、枝の間から冷やされた清浄な空気を送風した。「光の木」のある広場全体が、アルプスを思わせる涼やかさに包まれる仕掛けになっていた。

さらに枝の上方に一〇四個のスピーカーを設置、電子音楽を一帯に流した。樹氷の下で自然を意識させつつ、「光の木」の視覚効果を高めるべく、様々な鳥の鳴き声を取り込み、特別に作曲されたものである。

「太陽の塔」は、博覧会場の夜景を演出する上でも重要な装置であった。七〇メートルの夕ワーの最頂部にある「黄金の顔」の両目部分に投光装置が据え置かれた。まっすぐ南に放たれた帯状のビームライトは、博覧会場の外から見ることができた。

そのほか、多数のストロボでドーム状の建物外観を美しく見せるフランス館や、自動制御装置のプログラムによって、色彩、光の強弱、点滅のリズムなどから「光りの詩」を演出した電力館などが意欲的な試みであった。

空中に光る球体を浮かべたリコー館の夜景も、遠くから視認することができ、実に印象的であった。リコー館の展示は、「天の眼」「地の眼」「心の眼」からなり、建物自体も巨大な展示物となる構成であった。

「天の眼」(フロート・ビジョン)は、半透明のプラスチック製のバルーンである。八〇〇〇立方メートルのヘリウムガスが詰められ空中に浮かぶ気球には、地上を見晴らすように目のかたちをした鏡面が装置されていた。会場にいる人々は、空にある目のなかに、自分の姿を見いだすことができた。

「地の眼」（スペース・ビジョン）は、円筒形の展示館の外壁に投影される映像のショーであった。観覧者は円筒に沿って回転する「動く歩道」から、久里洋二の制作したアニメーション、並河萬里、行田哲夫、磯貝浩、松島駿二郎などの写真、ちばてつやの漫画などを楽しむことができる。見る位置によって、まったく異なる光像を見ることができた。

「心の眼」（イントロ・ビジョン）は、円筒形の館内の演出である。直径一七メートル、高さ一七メートルの室内に、神秘的な電子音楽が流されている。天井から吊り下げた約五〇万個の小さな反射素子に、回転反射鏡からの光を当てると、天空から光が降り注ぐようにも見える。暗い室内で煌《きら》めく光を目にした観客は、自分の心を見つめ直す幻想的な経験ができるものとされた。

　巨大な「眼」を空中に浮かべるバルーンが、夜景の演出の中心であった。気球は、遠隔操作によって、四〇メートルの高さにまで上昇、また回転することもできた。球体の中

巨大なバルーンが浮かぶリコー館
（写真：大阪府）

心には多数の多色蛍光灯、ビームライトなどが装備されており、電子制御装置によって様々な模様を表面に映し出すことができた。夜になると「作光」と名付けられた七色の投光によって、幻想的な演出が可能であった。

電化の未来を表現

電化の未来を示すパビリオンもあった。

手塚治虫がプロデュース業務を請け負ったフジパン・ロボット館では、「子どもの夢」を主題に、「ロボットの森」「ロボットの街」「ロボットの未来」の展示がなされた。展示の基本となったアイデアは、「役に立つテクノロジー」ではない、「非実用」かつ「遊びの仕掛け」となるロボットを見せようというもの。人々が願う「ロボットのある社会」を示したいと考えたという。

建物は二階建て、芋虫のような外観のテント造りで、中央にキラキラ光るミラーボールを取り付けた昆虫の触角を思わせるテーマ塔を設けた。

パビリオンに入って、最初に目につくのは、それぞれに異なる道具を持つ多数のアームを突き出した巨大な「ロボット飛行船」である。またロボットとポラロイド写真を撮影してくれるコーナー、宇野誠一郎の楽曲に合わせて、ドラムやピアノ、ハープなどの楽器を楽しげに演奏する「ロボット楽団」などが話題となった。

ロボット館の構成には、手塚氏が実見した一九六四年ニューヨーク世界博の人気館「イッツ・ア・スモールワールド」の影響を見ることも可能だろう。ウォルト・ディズニーが演出した展示館では、「子どもの世界」に託しつつ各民族が共存する「平和な世界」の理想を現出させた。

手塚治虫がプロデュースしたフジパン・ロボット館
（写真：大阪府）

対して手塚は、ロボット技術の進歩で人類が手にする「夢」を示してみせた。一方「ロボットの未来」と題するコーナーでは、ロボットに頼るあまり、人は政治や研究開発もロボットに委ねてしまい、結果、ロボットたちが自らを大量生産するようになる。やがて戦争の結果、ロボットが勝利し人類は滅びてしまったとするストーリーが展開される。

人間に取って代わったこのロボットの末裔が、今日の人類であるという意外な問題提起で展示は終わる。「人類の進歩と調和」という大阪万博の主題への手塚氏の応答が、このような表現であったことは興味深い。

博覧会の後、ロボット館は愛知県長久手町（現在の長久手市）の愛知青少年公園に移された。この常設館も一九九三年には解体されたが、ロボット楽団と飛行船は愛知県児童総合センターに移され、さらに二〇〇五年の「愛・地球博」に出展された。手塚氏ゆかりのロボットは、二度の万博に出品されたことになる。

「人類とエネルギー」をテーマにした電力館

日本電信電話公社および国際電信電話が出展者となった電気通信館は、「人間とコミュニケーション」をテーマに掲げた。

導入部は、様々なコミュニケーションの在り方を提示する。各国語のあいさつが多くの送受話器から流れる「呼びかけの空間」、交換機の機械音が陽気なサンバのリズムを奏でる「交換機の林」などである。メインホールでは、千里の会場と東京、種子島、京都の特設会場とを通信で結び、観客参加型の立体ショーが展開された。また最新の携帯無線電話機が展示され、入館者は全国どこへでも通話することができ、テレビ電話やデータ通信など、最新の電気通信技術が紹介された。

電気事業連合会は、「人類とエネルギー」をテーマに掲げ、電力館を出展した。四本の鋼管柱を構造体とする本館は、高さ約四〇メートル、上部構造から直径二二メートルの「空中劇場」、直径三〇メートルの「電力ギャラリー」を吊り下げる構造であった。総重量は一二〇〇トンに及ぶ。

別館は外径二三メートルの円形建築物で、「水上劇場」と命名された。三本のアーチ形のエアビームで支えられた空気膜構造の建物である。鉄骨造りの床の底部にビニール膜製の浮袋を備え、上演中に建物全体が一八〇度回転するように計画された。

「空中劇場」では、円筒形の壁面に五面マルチスクリーンを装備、全体として幅二二メートルあまり、高さ九メートルに及ぶ巨大な投影画面が確保された。上映された『太陽の狩人』は、世界各地で撮影された太陽の姿、その恩恵を受けながら生きる人間の姿を描くドキュメンタリー作品である。

ワイヤレス・テレホン（携帯無線電話機）で電話ができた電気通信館（写真：朝日新聞社）

「電力ギャラリー」は、原子力発電を中心に、電気の歴史、電気技術の将来を紹介することが企図された。炉内での核分裂を表現する「アトミック・ボール」、日本の電力地図「ワイヤー・マップ」、世界の原子力発電所を示す「イドビジョン」、間口一〇メートルの巨大なガラスケース内で一〇万ボルトの放電

電気事業連合会が出展した電力館

を見せる「放電コーナー」などがあった。
「水上劇場」では、高周波、無線送電、超短波、磁気作用などの電気特性を応用したマジックショー「エレクトリック・イリュージョン」が上演された。そのほか、電気ウナギによる「ハプニングショー」、引田天功が出演する「マジック・バラエティ」、レーザー光線マジック「空飛ぶ自動車」などが上演された。

疑似飛行を体験できた日立グループ館

シミュレーションを主体とするパビリオンも人気を集めた。

日立グループ館のテーマは「追求(未知への招待)」。航空機のシミュレーションと、レーザー技術を応用した「レーザーカラーテレビ」が主な展示であった。

入館者はまず、長さ四〇メートルの「空中エスカレーター」で、最上階のガラス張りのスカイロビーに登る。その際、まず提示された三つのフライトコースから、自分が気に入ったものを選び投票する。

万博会場の風景を高みからしばらく眺望したのち、円筒形エレベーターで、階下の「シミュレート・ホール」へ降りる。このエレベーターは二層になっていて、各層一三〇人ずつ、合計二六〇人を一度に運ぶことができた。「マンモスエレベーター」と命名されていた。

ホールは、一六ある操縦室への入り口である。半円形の床に八人が座るシートがあり、それが一六組分、並んでいた。合計一二八人が同時に体験できるというわけだ。コンパニオンからの説明を受けた後、シート全体が回転し操縦室に入る。その際、先に全員が投票したうち、多数決で決定したコースが発表された。

操縦室の前面のスクリーンには、滑走路が映っている。機はジェット音とともに離陸、やがて雲海へ突入、上空からの風景が展開するなど、まさにフライトしているような気分になった。もっとも実際にシミュレーションを体験できるのは、離陸時と着陸時のみであった。一号機の操縦者が空港からの離陸を担当、一六号機の操縦者が着陸を任された。操縦が下手な場合、時に滑走路に激突し、大破することもあった。

日立グループ館のテーマは「追求（未知への招待）」

模擬飛行の体験が終わると、再びエレベーターに乗って二階の「シミュレーション・スタジオ」に移動する。空港を六〇〇分の一に縮小、長さ一六メートル、幅四メートルの巨大な模型があり、テレビのカメラがクレーンから吊るされ移動できる仕組みになっていた。先に入館者が体験し、離陸と着陸を体験したのは、CGなどではなく、この模型で実際にカメラを動かしていたわけだ。

コンパニオンのユニホームは、飛行機のアテンダント風であった。パンフレットも、パスポート仕立てと凝っていた。疑似的な旅を体感できる日立グループ館は、子どもや学生から絶大な人気を集めた。

最高待ち時間が五時間となった三菱未来館

企業館の中でも高い評価を得たのが、三菱未来館である。

三菱グループ各社は、万博に積極的に関与した。例えば三菱電機は、雑誌などの広告記事で「空間を生かした万国博　三菱昇降機の活躍が注目を集めました」と、エキスポタワーの写真を添えてPRを行った。日本館、アメリカ館、中華民国館、オランダ館、お祭り広場、三菱未来館、エキスポタワー、メインゲート、万博宿泊センターほか、導入された展示館や施設を列記、「総台数四九台が会場いっぱいに活躍。エレベーター一九台・エスカレーター一二五台・トラベーター五台…。三菱が誇るこの新鋭機群が世界の人々を快適運搬。日本の世界的な昇降機技術をごらんいただいております」と訴求した。

三菱未来館の演出に関しては、『小史にかえて　博覧会と田中友幸』（日本創造企画）に掲載された前田茂雄の文章に詳しい。

三菱グループは、大阪万博の開催に向けて、一九六六年八月に三菱万国博覧会綜合委員会を発足させていた。委員長に寺尾一郎三菱商事副社長が着任、東宝の田中友幸にプロデューサー就任を依頼する。寺尾は「パビリオンの展示はドラマであるべきだ」という持論があり、映画制作の専門家が最適であると考えていたという。

翌年一月、正式にプロデューサーとなった田中は、企画を立案するべく、福島正実、星新一、矢野徹、真鍋博など、SF作家やイラストレーターを起案グループとして登用する。二カ月半の間に三五案が検討され、A案「日本の心―その美と夢と発展」、B案「驚くべき宇宙―その空間と時間」「驚くべき宇宙―自然の進化と発展」「驚くべき宇宙―生命の発生と進化」を有力候補として詳細を詰めるものとした。

A案は童謡を主題とするライド型の展示が想定され

高い評価を集めた三菱未来館

た。「美しい日本の自然」と「自然の脅威」を見せようとするものだ。B案は、地球誕生から未来都市まで、壮大な時間と空間の変貌を展示するもので、チューブ状のなかをカプセルライドが巡る強制導線が想定された。検討の結果、双方の案を融合するかたちで、「日本の自然と日本人の夢」というテーマに落ち着いた。

三菱未来館の設計に当たって三菱地所の中島昌信は、「時間、空間を取り入れた四次元の世界の表現」をかたちにしようとした。シドニーのオペラハウスなどを意識、従来の箱ものではなく、「よりドラマチックな劇場空間や浮遊空間」を目指したという。

建物はいくつかのブロックに分節化、「天・地・人」「真・副・体」という生け花や作庭で用いられる伝統的な空間構成の美学が応用されている。見る人の位置によって様々に変化し、〝動く建物〟と呼ぶ人もあったようだ。

具体的には、中島が意識したのは、建築のデザインに時間軸を取り入れることであった。三菱未来館の敷地は北面している。人々は、順光ではなく逆光や斜光で、その外観を見ることになる。そこで時間とともに移り変わる太陽の位置によって、その見え方が変わるように工夫をしたという。

「日本の自然と日本人の夢」というテーマを、いかに展開するのか、「人間が自然をうまく開拓して、その中に溶け込んだ生活をするのが未来社会」として、五〇年後の未来社会を見せることとなった。パビリオンの名称も「三菱未来館」とすることとした。

演出は、音楽は伊福部昭が担当、特技監督は円谷英二が担当することになった。また映像や造形を監修する役割から、気象学や海洋物理学などの大学教員による顧問グループを設け、さらに三菱グループ各社の技術者の参画も要請された。

パビリオンで観客はパレット式の「トラベーター（動く歩道）」に乗って、春夏秋冬の風景が投影された前室の後、五室からなる部屋を順に移動、様々な世界を疑似体験することになる。

第一室「日本の自然」には、多面スクリーンと天井や床はもとより壁面にも鏡を配置することで、部屋全体を継ぎ目のないスクリーンにした「ホリミラー・スクリーン」が設置された。三菱および東宝技術研究所が開発したものである。双方向から投影される七〇ミリ映像を反射させることで、かつてない臨場感のある映像体験が提供された。

部屋に入った途端、観覧者は疑似的な別世界にわが身を置くことになる。入場者は、暴風雨が吹き荒れ、雷がとどろく海へと放り出される。その直後、「青色の世界」から「真紅の世界」へと転換、さらに火山の噴火の中を移動するという体験をした。

第二室「日本の空」は、静かな宇宙空間に滞在する風景から始まる。宇宙ステーションの気象管理センターには、世界の気象図があり、各国の言語で状況がアナウンスされている。するど突如警報が鳴り響き、南太平洋に発生した超大型台風が接近していることが知らされる。すると「気象コントロール・ロケット隊」が出動、化学物質を投下して台風を制圧する様子が映像で展開される。

第三室は「日本の海」。海底探査艇へと乗り込み、深海に向かう。海底に降るマリンスノーの幻想的な風景の中、海底農場や海底油田、海底発電所などの様子が映し出される。パイプと球体の構造物によってつくられた幾何学的な海底都市の模型も示された。

第三室の出口近くには、左右からサメが現れ、空中で遊泳する映像に驚かされた。エアカーテンの技術を基礎に開発された「スモークスクリーン・システム」が採用された。航空研究所の層流風洞実験を参考に、煙を吐き出す一方で吸い込むことで、安定した煙の膜を空中に確保することが可能になった。

第四室は「日本の陸」と題された「自然と機械がとけあう未来都市」の展示である。新緑に囲まれた富士山麓の「新居住区」に配置された未来住宅が観覧者を迎える。住宅の室内には、壁掛けテレビ、ホーム電子頭脳、電子調整器などがある。そのほか、機械化された集約

三菱未来館のトラベーター

農業などの紹介もあった。「緑に恵まれた居住区」と「機能的な都心部」が結合する様子を示すことで、「自然と機械の調和」した社会の可能性が示された。

最後の部屋が、第五室「レクリエーション・ルーム」である。ここでは自身が参加しながら、実験的な映像体験を楽しむ趣向が用意されていた。ステージで踊る観客の姿を、即時に五倍の大きさのシルエットとして巨大なモニターに投影する「シルエトロン」が人気を集めた。三菱電機の技術を応用して三菱電機中央研究所が設計したものだ。

また二二〇度の超広角レンズを用いて床下の映写機から球状に三次元の映像を投影する「球体スクリーン」もあった。三菱レーヨンの協力の下、アクリル板を熱加工したうえで空気圧を加えて成形、頭頂部は二ミリ厚という薄い球体を造作した。直下から投影すると、球面全体に映像が広がる効果があった。

三菱未来館は、一日に七万人を動員、最高待ち時間が五時間にもなる人気館となった。万博会場への入場者が八三万五〇〇〇人を超えた九月五日には、全体の一割に当たる八万二七二五人が三菱未来館に入場した。

哲学者の梅原猛は「万博小感」(『梅原猛著作集　精神の発見』収載)と題する文章において、次のように記している。

「万博で評判のよかった日本の館は、やはり近代科学の成果をフルに発揮した館であった。三菱未来館が人気を集めたが、私はその巧妙なトリックを見ながら、ゴジラの映画を思い出した。怪獣映画の技術において、日本は世界一であり、怪獣映画は世界に輸出されているという。このトリックと同じトリックがここにあるのではないかと思ったが、あとから聞けば、それはやはり、ゴジラをつくった人々と同じ人々によってつくられたという」

さらに梅原は、スペインの哲学者コラールが、日本人が西洋から科学技術文明を取り入れたが、それを日本人の「伝統的美意識」と調和させたと指摘したことを紹介しつつ、次のように述べている。

「三菱未来館のトリックのキメの細かさ、そして、みどり館などの映像技術のすばらしさ。それはコラールのいう『伝統的美意識』と『近代科学技術文明』の一致を物語るのであろう。とにかく、その点において、日本人は自信をもってよい。過去百年間、日本は西洋から科学技術文明を学んだ。そこには過去百年の日本人の、もっとも大きな美徳であった二宮金次郎的勤勉さがあった。その勤勉さによって培われた国力を『無駄に』使って、ここで日本人は、開国百年後にはじめて、万博という『遊び』を遊んだわけであるが、遊びにも彼らは実に勤勉に、自己の過去の成果を表そうとしたのである。このファインな感性と科学的理性の調和は、今後の日本の生きる目標でもある」

三菱未来館は、科学技術の可能性を、日本的な「遊び心」をもって示すことに成功した。

その後、三菱グループは国際博覧会や地方博覧会にあって、「三菱未来館」の名称の出展を継続している。

5 大阪万博の遺産と評価

一九七〇年大阪万博を各分野の専門家はどのように見たのか。ここではデザイナーの評価を見てみよう。例えば建築家の池辺陽は「デザイン実験場としてのEXPO'70」という文章を『工芸ニュース』(一九七〇年第三号、丸善)に寄せている。

池辺は、万博の歴史をさかのぼりつつ、ブリュッセル博の意義を「戦後の技術のシンボルである原子力を中心的課題としながらも、一方で新しい意味での人間環境の形成に対する万博としての初めての接触であった」と説き、これを受けてモントリオール博にあって「人間環境の形成」を明確な主題としたとみる。

対して大阪万博は、どのような意味があったのか。博覧会が終わろうとしている段階であり、それが明瞭なかたちになるには数年を要するだろうと注釈しつつも、「けっして明るいものということはできない」と書いている。背景には、一九七〇年において、ベトナムや中近東の政治的状況の混迷に加えて、「公害にシンボライズされる地球的課題」が、初めて「世界最大の課題」として浮き彫りになったことがある。

池辺はこのように指摘した上で、「EXPO'70全体として意図された問題」がどのように対処されたのかを検討する。ひとつには「アジアにおける最初の万博」の姿を示すことが期待されたが、結果として生産システムや機能的な技術の「モデル化」に終わり、思想性の欠如した計画となった。その背景には、日本という国家や日本人が持ち始めた大国意識があると、池辺は指摘する。

また、大阪万博が意図した「未来都市のイメージ」も「動く歩道」やモノレールなど新鮮味のない技術によって、「単に人間を工場の中での製品のようにグルグルと送り出してゆく、ただの道具にすぎなくなった」と手厳しい。

一方、情報、音、光、空気、水などに関する「ソフトウエア的技術」に関しては、見るべきものがあったと述べる。ただ予測以上の入場者があったがゆえに、コンピューターによる制御が機能を発揮しなかった。加えて、まとまったシステムが存在しなかったのは残念であると評する。

ソフトウエアとハードウエア、双方の技術を結ぶべく、種々の試みが会場内に投入された。必ずしも大阪万博では実を結ばなかったが、その成果は、今後の「人間環境」の形成にあって検討されなければいけないと述べる。

また新しい材料の利用、ユニット化など、建築や造形の「工業化」についても評価する。本来はシステマチックな空間を形作るために導入されるはずだ。しかし大阪万博では、人間の動きや全体構成とは無関係に採用された。結果、意図するところとはまったく逆に、「混沌とした風景」を生み出す原因となったと分析する。

全般的な論評として、池辺は「人間に対する本質的把握の欠如」が、万博全体に共通して見いだされた問題点であるとみる。

「人間をベルトで送り、その周囲に単なる人工空間をアクセサリー的に提示することによって未来をイメージしたといわれる日本のある企業館が非常な評判を受けたということは、このシンボルということができる。これはまた日本人自体が全体として持つ現在の問題であるだろう」

名前は伏せているが、あきらかに三菱未来館を例示していると思える一文である。「動く歩道」を利用、工場にある製品のように大勢の人をベルトコンベヤーで動かしている点が印象的だったのだろう。

池辺は、「大国意識」と「コマーシャリズム」の両面から毒されている日本のデザインにあって、大阪万博は大きな警鐘とならなければいけないと提起して結論としている。

一方、東京五輪のポスターなどで知られるグラフィックデザイナーの亀倉雄策は、デザインの専門誌に「万国博のむなしさ」という一文を寄せている。(『工芸ニュース』一九七〇年第三号、丸善)

亀倉は、三泊四日で会場内を見て回った。ひとつのパビリオンを見るだけでも疲れるのだが、我慢をして五つか六つを見て歩く。毎日、夕方になると足が痛くて、居ても立ってもいられない。文化や芸術を感じる神経がひどく鈍る。

このような状況で、各パビリオンの展示効果を、正確に神経を張り詰めて受け取ることは不可能である。「万博見物」という状況下にあっては、印象的な感想を並べるしかないと、亀倉は自身の立ち位置を定めている。

具体的にはどうか。亀倉は、入場者の手元に投影する手法を採用したスカンジナビア館を例示、展示の企画者は単なる理想主義だけで、疲れ果てた見物人が「めんどうなことを嫌になる」ことに気がついていないという認識を示す。他のパビリオンも同様である。会場内に氾濫しているマルチスクリーンに投影される動画やスライドは、見る人の神経をいら立たせるだけで、全く印象に残らない。入場者の実態を予測せず、企画側が展示を作ってしまったということなのだろう。

亀倉は、万博の展示に関して持論を展開する。ディスプレイの評価は、デザインが単に良いだけではなく、展示している内容が優れていなければいけない。アメリカ館などは、デザインの良さとあいまって、展示品の内容が素晴らしいと高く評価する。対して、スイス館、オランダ館、ドイツ館、イタリア館、チェコスロバキア館などは、デザインは良いが展示内容が充実していない。

対して日本政府館に関しては、ひとつひとつの展示やデザインを見ると、凝ったところもあって面白いのだが、全体的な印象は雑然としていて、「ほこりっぽい」としている。「建物それ自体がよくないので、展示効果が上らず、ごみっぽくて、うす暗くて、どうにも明るい建設的な日本を感ずることができなかった」と述べ、「これほどむなしいパビリオンも珍しい」と手厳しい。

万博の宿命として、「雑多な人間群に対して、説得力のあるもの以外は価値が無いということを知らなければいけない」と亀倉は強調する。

随所に置かれた気取った前衛芸術は、多くの人はそれがアートだとすら気がつかない。子どもたちが芸術とは気がつかないままに、上に乗って遊んでいる彫刻もあった。亀倉自身、工事のくずを片付けていないと思った作品もあった。

対象的に、アメリカ館の月ロケットや宇宙船など芸術家が作ったわけではない展示品の中に、新鮮で美しく、迫力のあるものがあると指摘する。

そういう意味合いから、亀倉はイサム・ノグチの噴水彫刻を高く評価した。一般の人も、専門家も、なるほど美しい、なんとなく素晴らしいと感心する。これこそが「実力ある説得」だと亀倉は断じている。

同じように、会場内の各所にサインとして使用されたピクトグラフ（絵文字）も、成功したと見ているようだ。福田繁雄のユーモラスな表現、よく整理され熟している造形力を評価、中でも迷子のシンボルは傑作であると述べている。

対して鉄鋼館については、別の意味から高く評価している。一般の人にはわからないだろうが、「人を馬鹿にした企画」の多い企業館の中にあって、唯一、外国から来る知識人に勧めることができる。プロデューサーである前川國男の「ガンコとごまかしの嫌いな性格」が成功に導いたと分析、日本側の出品では最高点を上げてよいものであるとまで述べている。

「一体万博って何だろうかと思う。こんな形式をくり返して巨額の金を使って何が残るのだろう。私にはわからない。もうこの形式は大阪で終わりだとしか考えられないにしろ、こういう見世物小屋形式はモントリオールで頂点に達し、大阪で爛熟した。あとは何をしてもマンネリになるだけだ。日本が万博を主催して何が大きな収穫だったろうか」

観客であふれる万博会場で感じたむなしさを、亀倉はこのように総括している。

クリエイターに支持された「お祭り広場」

雑誌『工芸ニュース』の一九七〇年第三号には、「デザイナーはこう見る」と題する記事がある。インダストリアルデザイナー、インテリアデザイナー、グラフィックデザイナー、建築家などにアンケートを依頼、一八四人から回答を得た。それほど多い人数の意見ではないが、専門家による評価だけに興味深い。

まず「人類の進歩と調和」という、設定されたテーマの展開について問うている。各パビリオンが趣向を凝らしてテーマとサブテーマを展開したわけだが、会場全体からテーマ性を感じた人は、わずかに一・四％であったが、会場内のいずれかで「部分的」にテーマを感じたという人は六割となった。

その内訳では、「お祭り広場」を中心としたシンボルゾーンが三割を占める。個々の展示館では、スカンジナビア館にテーマとの親和性を認める意見が目についた。「産業化社会における環境の保護」を訴求するスカンジナビア館の展示が、「進歩と調和」ではなく、「進歩と不調和」に悩む日本人の共感を呼んだからだろうと、分析がなされている。

次に「太陽の塔」について質問をしている。「人類の進歩と調和」というテーマにふさわしくないという意見が七割に上った。またその印象は、「グロテスクなバケモノ」「独善的でアナクロニズム」などと批判的な意見が大勢を占め、「巨大さの魅力」「生命の充実を感じる」

お祭り広場でのイベントのようす
（写真：大阪府）

などと肯定的な人は一割強ほどしかなかった。一般には万博のシンボルとして人気を集めた巨大な芸術作品だが、専門家であるデザイナーの共感は、必ずしも得ることができなかったようだ。

「大屋根」に関しては、企画や外観については賛否が分かれたが、リフトアップなどの建築技術に関しては高く評価する意見が大勢を占めた。

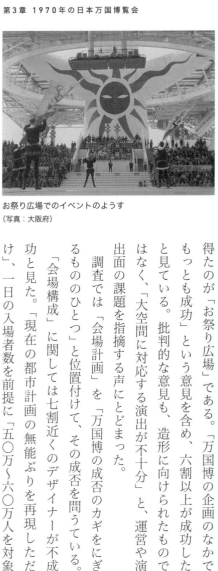

一方、基幹施設の中で、デザイナーから多数の支持を得たのが「お祭り広場」である。「万国博の企画のなかでもっとも成功」という意見を含め、六割以上が成功したと見ている。批判的な意見も、造形に向けられたものではなく、「大空間に対応する演出が不十分」と、運営や演出面の課題を指摘する声にとどまった。

調査では「会場計画」を「万国博の成否のカギをにぎるもののひとつ」と位置付けて、その成否を問うている。「会場構成」に関しては七割近くのデザイナーが不成功と見た。「現在の都市計画の無能ぶりを再現しただけ」、一日の入場者数を前提に「五〇万〜六〇万人を対象とした計画としては不十分」とその限界を指摘した。多くの人が人間行動の予測が外れ、「人間不在」であると感じたようだ。「並んで待たなければならなかったこと」「休憩施設の不足」と批判、待たされ、疲れて休むことになるが、休憩施設がないので休めないということになると論評している。

さらに具体的な論点として、「未来都市のコア」のモデルとして設計がなされた点、すなわち「未来性」をどう評価するのかを挙げている。

アンケートの結果では、わずかに四％の人が「テストケースとして有意義」「道路に車のない、公害のない、すばらしい都市」と肯定的な意見を述べたにとどまった。逆に七割ものデザイナーが、その試みの意義を認めていない。「現在の延長」「どこにも未来が感じられない」「人間が右往左往して現実の問題がうきぼりにされただけ」「もっと次元の高いものを想像していた」「人工的すぎる」など厳しい意見が多くあった。

このアンケート結果を見て、『工芸ニュース』の編集部は、「万博会場に見る都市モデルは技術的にはすべて現時点で可能なものばかりだが、にもかかわらず未来都市モデルといわざるを得ないところに現実の問題がある」と分析している。その上で「くもの巣のような電線もなく、車の心配もいらない、各種情報処理システム、地域冷房完備という都市は、わが国ではまさに理想都市と思われるのだが」と、現実的な評価を述べている。

プロデューサーの人選に関しては、評価する者が三割、否定するものが四割であった。もっとも個々のコメントから、誰がやっても大して変わらないだろうといった感じが受け取れたと、編集部では感想を述べている。

街路や広場などに置かれる街灯やベンチといったストリートファニチャーや、誘導のための表示類のサイン計画に関しては、賛否が相半ばする。対して曜日名のもとに七カ所に配置された「七曜広場」は、樹木などの自然物が少なく安らぎが感じられない、広さも不足し、不必要な造形が多すぎ、「憩いの場」や「交歓の場」という役割を果たしていないと批判的だ。大きくよく繁った椎の木などでも植えた方がどれほどよかったものかと総括している。

建築的に優れたパビリオンとして、スイス館、アメリカ館、カナダ館、チェコスロバキア館、オーストラリア館、松下館、ソビエト館、富士グループ館、イタリア館、英国館、シンボルゾーンの大屋根、鉄鋼館、東芝館の順に票を集めた。ちなみに一九七〇年八月に発表された日本建築学会万国博特別賞では、スイス、カナダ、チェコスロバキアの三館が選定されたことも紹介している。

「未来の建築の構想、技術を示唆するもの」としては、富士グループ館やアメリカ館などの空気膜構造が高く評価された。タカラ・ビューティリオンなどユニット式の高層住宅や大屋根の技術がこれに次いだ。

「おもしろかった展示館」では、三菱未来館が一位、アメリカ館が二位となった。前者は、「日本の自然と日本人の夢」をテーマに、映像と音響、ミニチュアセットを組み合わせた巧みな演出が評価された。後者は、アポロ宇宙船と、シェーカー教徒のプリミティブなインテリアなど、実物展示にあって対照の妙があった。この二館が「つくられた展示と実物展示の双璧」という論評が記載された。

「デザイン的に優れた館」「展示構想に共感した館」の両質問にあって、チェコスロバキア館が断然、他館を引き離して一位となった。「人類が求めるよりよき未来の道」というテーマに基づき、歴史資料や芸術作品を主体とした展示は、音楽や照明の効果と相まって、優雅かつ「身のひきしまる雰囲気」を醸し出していた。「まわりの華やかな賑わいと対照的な静ひつな展示演出はさすがといいたい」と書いている。

大阪万博の会場運営に使用されたコンピューターについては、会場内で効果を感じなかったという感想が七割を超えた。ただ「コンピューターの効果を意識させない点に効果を感じた」「感じさせないことが上手な使い方」という意見もあり、「道具としてのコンピューターとは本来そういったものなのだろう」と分析している。

映像技術にあって、多くの人が成功と評価したのが、みどり館の全天全周映画「アストロラマ」である。「多少の技術的に未完な点はあっても、高さ三一メートルの半球状のスクリーンに映し出される映像によるダイナミックな臨場感は、これまでの平面スクリーンとは比較にならない異質な体験を与えた。そのユニークさは衆目の一致するところだろう」と論評が加えられている。

次の万国博覧会に贈るべき新しい技術や構想は何かという問い掛けに対しては、お祭り広場、空気膜構造、アストロラマ、コンピューターによる情報処理や展示演出コントロール、レーザー光線の利用、大屋根の技術などの回答があった。ただしモントリオール博で話題となった「新しいメディアとしての映像技術」のような、展示全体に影響を及ぼすものは見当たらなかったと総括している。

会場でタクシーとして利用された電気自動車

さらに現実の社会に利用できるものは何かという設問に対しては、電気自動車、映像技術、コンピューターの利用、無線電話、地域冷房、空気膜構造の建築などの回答が並ぶ。

『工芸ニュース』のアンケートでは、大阪万博に対するデザイン関係者の評価は概して厳しく、「やっと及第」といったものであった。ただコンピューターによる情報システムや多彩な映像技術など、電化に関する技術やシステムが、社会に応用するべきものと認識された点に注目しておきたい。編集部はアンケート調査の報告を、次のように結んでいる。

「…ことにデザイン関係者にとって良い面悪い面を含めて数多くの学ぶべき点があったと思われるのだが、今後それらを現実の社会にいかに効果的に生かしてゆくかが、今回の催しの最終的な評価につながってゆくことになるのではないだろうか」

恒久施設として建設も

一九七〇年大阪万博にあっては、計画段階から恒久施設として利用されることを想定して建設された施設や展示館がある。政府や万博協会が運営した施設では、日本館、万国博美術館、万国博ホールなどの展示施設、エキスポタワーや日本庭園などがある。一方、民間によるパビリオンでは、日本民芸館や鉄鋼館などが、仮設ではなく本建築として建設された。

このうち日本民芸館や日本庭園は、現在に至るまで継続して運営されている。また鉄鋼館は、博覧会から四〇周年を迎えた二〇一〇年に「EXPO'70パビリオン」に改修された。ただ恒久利用を前提として建設されたそのほかの展示館や施設は、既に解体されている。

「EXPO'70パビリオン」は、万博の記憶を後世に伝えるべくメモリアルミュージアムという役割を担い、イベント終了後に各国から寄贈を受けた当時の陳列品も再利用しながら、館内の展示が構成された。近年、レプリカに交換された際に、地上に降ろされた「太陽の塔」

の「黄金の顔」のオリジナルも、館内に保管している。

そのほかの多くのパビリオンは、万博終了後に解体される予定であった。しかし各地に売却、あるいは移築され、その後、転用されていた事例も少なくない。名古屋の東山動物園内のサンフランシスコ市館、愛知県青少年公園のフジパン・ロボット館、四日市港のオーストラリア館など、多くの事例がある。

古代の東大寺にあった七重双塔を復元した古河パビリオンは、相輪部分だけが保存された。東大寺境内にあって、モニュメントとして展示されている。またパビリオンではないが財団法人全日本仏教会が出展した無料休憩所「法輪閣」は、和宗総本山四天王寺と宗教法人浄土宗に有償で譲渡され、四天王寺伽藍の南にある庚申堂に移築、再利用され現存している。

テーマ館も万博後に解体される予定であったが、博覧会のシンボルとなった「太陽の塔」に関しては、万博終了直後に保存運動が盛り上がり、保存されることになった。耐震補強がなされ、二〇一八年から一般公開が再開されている。

松下館とタイムカプセル

遠い未来に博覧会のレガシーを残すことを使命として計画されたパビリオンも幾つかあった。「タイムカプセル」を主たる展示として、会期中に約七六〇万人を集める人気館の一つに

天平時代の建築様式を現代的にアレンジした松下館
（写真：大阪府）

数えられた松下館がその好例である。

一九六六年九月、松下電器産業（現パナソニック）は大阪万博に向けて万国博対策委員会を設置して出展を検討する。会長である松下幸之助は、中宮寺御堂の写真を見て、展示のイメージを得たと伝えられている。

松下館の建築は、堂宇のような外観が特徴的だ。約一万本のモウソウチクを植樹した竹林に囲まれ、水盤に浮かぶように前後に二棟が配置された。壁面はプラスチック板をはさんだガラスで覆われ、内部に設置された電灯で照らし出され、巨大な白い障子のように浮かび上がって見えた。

建築家・吉田五十八の設計によるものだ。天平時代の建築様式を、現代的に解釈したとされるが、スケールアウトした数寄屋建築のようにも見える。はるかに過去の文化的な所産が時代を超えて、今日から未来に継承されていることをイメージさせるようなデザインである。

松下館のテーマは「伝統と開発　五千年後の人びとに」と定められた。前方の棟には「タイム・カプセルEXPO'70」を展示する。現代文明の所産をこの容器に納めて、大阪城公園内天守閣前広場の地中に埋め、五〇〇〇年後の人類に残そうという試みなのである。対して後方の棟では、茶道による接遇が行われた。

前棟は、三階までの吹き抜けのホール空間になっていた。中央に「タイム・カプセルEXPO'70」の本体を展示、後方に博覧会の終了後、大阪城公園の地下一五メートルにカプセルが埋設される状況が模型によって示された。

ホワイトグレーの球体をしたカプセル本体は、茅誠司を委員長に二三人の専門家からなる技術委員会の指導の下、松下電器生産技術研究所が久保田鉄工の協力を得て製作した。高さ

二〇九八点の物品が納められたタイムカプセル

タイムカプセルは大阪城公園に埋められ五〇〇〇年後に開封される

一メートル三〇センチ、内容積五〇万立方センチ、重量一・六トン、衝撃と腐食に強いステンレス鋳鋼製であり、内部を気密にするために蓋は二重になっていた。

この企画は、松下電器産業と毎日新聞との共催事業である。先に毎日新聞が企画、松下電器側に共同実施を申し入れたものだ。松下電器は、一九六八年に創業から五〇年目の節目を迎えることもあり、記念事業の一つと位置付けることで両社が主催して推進することが正式に決定された。

事業の意義は、おおよそ次のように説明された。

私たちが享受している文化一般、文明の全ては、祖先が営々として積み重ねてきた文化遺産の上に築かれたものだ。意識的な伝承物も、無意識に残されて後世において発見されたものもあるが、いずれにせよ人類の進歩の足跡であり、ひとつひとつが貴重である。

これらの文化遺産に、自らの手で新たに創造した文化を加えて、子孫に伝えることが現代人に課せられた義務である。一九七〇年の時点で人類がどのような文化を創造し得たか、どのような理想を掲げ、現実にどのような環境において生活していたか。その記録を末永く後世へ残すことで、数万年前の人類が手にした石器を私たちが文化遺産とみなしているように、かけがえのない意義を子孫に伝えることができる。

松下電器と毎日新聞の両社は、カプセルや埋設方法などを検討する技術委員会とともに、自然科学・社会・芸術の各分野において著名な学者や専門家二七人を招集、一九七〇年を代表する収納品を選び出すための選定委員会を開催した。

議論の結果、二〇九八点の収納物が選ばれた。五〇〇〇年を刻む時計、サラリーマンの一日と一生や、日本の四季を絵巻物形式に記録した「現代人間絵巻」(全四巻)、日本および世界の地形や地質の他、社会・産業・公害などの諸問題を集録した「アトラス日本と世界」、種子のサンプル、宇宙開発の資料、原子爆弾被災遺物、蚊やハエの標本、現代人の表情を映した映画作品「表情1970」、交通安全のお札、漫才・落語・動物などの録音声、現代文学作品、小中学生の作文と図画、国連教育科学文化機関(ユネスコ)を通して集められた世界の児童画など。さらに、五〇〇〇年後の人々へのメッセージレコードなどが含まれていた。

収納物の選定では、特殊なもの以外は購入、市場で容易に入手できる平均的な品物であり、同種の場合は市場に多く出ている銘柄品とするなどの基準が定められた。集められた物品のすべてを殺菌の後、二九分類に仕分けて容器内に丁寧に詰め込み、アルゴンガスを充填した上で密封された。

タイムカプセルは、まったく同じ内容のものが二個、用意された。第一号は五〇〇〇年の長い眠りの後、西暦六九七〇年に開かれる。一方第二号は、三〇年後、すなわち二一世紀初頭に開封され、以後一〇〇年ごとに経年変化がチェックされることになっている。

五〇〇〇年後という保存期間の設定は、人類文明の歴史はおおよそ五〇〇〇年前にまでさかのぼることができる。五〇〇〇年後に開封すれば、一九七〇年を過去と未来を結ぶ時間の中間点に位置付けることができると考えたようだ。

電化の歴史と未来を検討する上で、示唆的なのは、記録媒体とその再生装置の取り扱いである。タイムカプセルには、様々なデータを記録したマイクロフィルム、映画フィルム、磁気テープ、音盤なども納められた。五〇〇〇年後の人々が、今日の電化製品を持っているとは思えない。そこで、マイクロフィルムリーダー、トーキー付き映写機、ステレオ再生装置など、一九七〇年代に汎用性のあった再生機の原理図および解説も封入された。

松下館のタイムカプセルは、大いに人気を集めた。

当時、松下電器のカラーテレビを買うと、景品としてタイムカプセルのミニチュアが提供された。中にはパビリオンの模型と、松下幸之助の言葉を記した豆本を納める小さな宝箱、小さな文字を読むための簡易な拡大鏡が入っていた。

また一般の人たちも、自分たちなりのタイムカプセルを造り、未来に残そうと考えた。各地の学校では、文集や絵画の類いをプラスチックのバケツなどに詰めて構内に埋め、卒業記念とすることが流行した。「タイムカプセル」もまた、大阪万博から流行した生活文化である。

6

大阪万博と電力会社の貢献

一九七〇年万博での地元電力会社、すなわち関西電力が果たした貢献を、設備、人物両論から見ていきたい。会場への電力供給に関しては、とかく原子力発電所からの送電ばかりが取り上げられるが、それのみならず、会場への電力の安全・安定供給に向けて、多くの準備と努力がなされた。折しも関西電力では、一九六五年六月に御母衣発電所での落石事故が予想外の波及をし、供給エリアの三分の二に及ぶ負荷が長時間にわたり停電するという、二〇一八年に起きた北海道全域の停電「ブラックアウト」に準ずるほどの事故が発生し、広域停電の防止は極めて重要な課題となっていた。その直後に大阪万博の開催が決定されたのである。

一九六五年末には、関電社内に専門の委員会等が立ち上げられ、会場への電力供給などに関する具体的なプランが入念に検討された。この場ではまず、需要想定から始まり、海外で

外観も工夫した万博西変電所

の過去の万博会場が参考にされたが、大阪では冷房需要が大きく、負荷設備量で約一四万キロボルトアンペア、最大電力で約九万キロワットの規模を見込むこととなった。結果的には、負荷設備量で約一三万キロボルトアンペア、最大電力で約六万キロワットとなったが、暗中模索の中での検討であった。

各展示館での電力使用状況は、会期中を通じてほぼ安定していたが、夏場に冷房需要が増加し、全体の約三〇％を占めることとなった。その結果、会期中の電力使用量は一・三億キロワット時で、ほぼ一〇〇万世帯の一カ月分の使用量に相当するものとなった。

これに対する電力供給拠点として、万国博北変電所および西変電所の二つの変電所が設置されることとなった。両変電所は、それぞれ異なる火力・水力発電所群をバックとする北大阪変電所、伊丹変電所および小曽根変電所を親変電所として、異ルートにより構成された送電線により七万七〇〇〇ボルトで受電した。これによって二回線同時事故に対応でき、また両変電所は一バンク事故時にも対応可能となるなど、万全な電力供給体制が整備された。

さらに、二カ所の変電所のうち北変電所は日本庭風の近くに置かれたことから、タイル張りの表面で全体として落ち着いた感じにされ、駐車場にあった西変電所は、表面をほうろう鉄板で覆い、近代的な雰囲気を出すなど、外観にも工夫が凝らされた。

地中配電方式の採用

万博会場への電力供給は、一平方キロメートル当たり約一〇万キロボルトアンペアと、当時の都心部を上回る極めて高い負荷密度となることが想定された。このような地域に安全かつ高信頼度で供給するため、架空線方式ではなく、モントリオール博等と同様に全地中配電方式が採用されることとなった。

わが国では、当時、このような大規模な全地中配電方式は初めてのことであったため、関西電力では社内外の専門家を集めたプロジェクトチームが結成され、新技術・工法の研究開発が行われた。その結果、配電系統は、ケーブル事故等に備え二回線方式とし、各展示場への引き込みも二回線を原則とすることとされた。また、供給電圧については、経済性等の観点から、需要規模に応じ、二万ボルトと六六〇〇ボルトが併用されることとなった。

会場内の地中線工事は、一九六七年から開始されたが、地盤が堅固なものではなかったため、管路の構築後も地盤自体が安定せず、他の工事による掘削との競合も、施工を困難なものにした。このため、会場内の管路として、強度や耐震性に優れたパイプが用いられるとともに、マンホールについても、これまでの現場打ち工法に代えて、鉄筋コンクリート製の組み立てマンホールが採用されることとなった。

万博を機に採用された新技術はこれにとどまらず、高低圧のケーブルやジョイント部、低圧配電用変電所など、各資機材・設備において、地中線工事に適し、周辺環境とも調和した技術・工法が次々と開発され、取り入れられていった。

こうした創意工夫により、万博開催までに工事完了にこぎ着けた。

会期中の電気設備の保守運営は、「万国博電力サービスセンター」を拠点として、両受電用変電所、低圧配電用変電所および高圧需要設備を通信ケーブルで結び、集中監視が行われた。

これら関係者の奮闘の末、およそ半年に及ぶ会期中、無事故・無停電で電力供給を果たすことができたのである。関西電力の芦原義重会長（当時）は、後に「全期間を通じて無事故・無停電でやれたが、それは結果としていろいろな面でわれわれにも非常にプラスした」と述懐した通り、万博会場への電力供給は、都市近郊の高負荷密度地域への電力供給として先駆的な事例となり、電力技術の飛躍的発展につながったことは疑いない。

万博成功の立役者・芦原義重の活躍

関西電力の社長・会長を歴任した芦原義重は、大阪万博成功の立役者の一人として、挙げることができる。芦原は一九六五年、大阪万博の開催が正式に決定された後、「日本万国博覧

会場を訪れた佐藤栄作首相と芦原関電社長
（いずれも当時）

会協会」の副会長に就任した。万博の成功には地元経済界の協力が不可欠であり、石坂泰三万博協会会長（経団連会長）が、関西財界の取りまとめ役として、この国家的事業の力強いサポートを芦原に期待したことは想像に難くない。

芦原の胸にも、万博を契機とした大阪経済の復興にかける熱い思いがあった。「シカゴ、ブリュセルは、万博開催で国際都市として大きく飛躍、発展した。大阪もわが国を代表する国際都市である。その大阪が繁栄することは事業の繁栄につながり、事業が繁栄することは大阪の繁栄につながる」との言葉通り、大阪そして関西経済の発展に向け、万博事業運営にまさに心血を注ぐこととなる。

まず、芦原をはじめ関係者が頭を悩ませたのは、万博会場の土地取得問題である。土地買収が思うように進まなかったため、大阪府が公園地域に指定し、その上で土地収用をかけて買収することとなったが、将来の土地利用の可能性を狭めることを危惧する声もあった。最終的に閣議決定が行われたが、芦原も、「建設大

地下鉄御堂筋線・北大阪急行の開通式。万博開幕前に新大阪駅と万国博中央口駅とが直結された
（写真：時事通信）

臣に呼び出されて、そういう指定をするがいいかということを聞かれたので、それでいいですと返事をした」との逸話が残されている。全ての買収が終了したのは、一九六八年のことであり、前途多難な滑り出しであった。

また、交通輸送施設の整備も喫緊の課題であった。新御堂筋等の道路や、大阪国際空港の整備が急ピッチで進められた。中でも鉄道輸送については、大阪の南北を走る地下鉄御堂筋線の延伸が望まれたが、万博後の需要が見込めるかという点で事業者である大阪市は及び腰であった。見かねた万博協会が、政府に働き掛けを行い、その調整・援助の下で、延伸が決定されることとなる。現在御堂筋線が乗り入れている北大阪急行である。芦原自身も発起人の一人として強力に後押しした結果、関係者が待ち望んだ鉄道は、万博開催の一カ月前にようやく完成を見ることとなった。

芦原は、万博開幕に至るまで東奔西走の日々を続けた。奮闘のかいあって、大阪万博は未曽有の活況を呈し、地域に莫大な経済効果をもたらしたが、万博閉幕後も、芦原の苦労は尽きない。会場の跡地利用問題である。跡地の利用方法は、「万国博跡地利用懇談会」で決めることになったが、議論百出でなかなか決まらない。土地は全部切り売りして、借金の返済に充てるべきという意見もあったが、芦原は、終始一貫、「この広大な跡地は貴重な国民的財産として、絶対に切り売りせずに一括利用すること、そして利用内容は万博を記念するモニュメントにふさわしいものとすることを、われながら頑固と思うほど主張し通した」

実際に、芦原は、欧米の万博跡地がどうなっているかを見て回り、文化公園として保存することを骨子とした「芦原メモ」をつくり、懇談会で提案を行った。結果、この提案を軸に進めることで落着したが、この「万博記念公園」は、今も「緑に包まれた文化公園」として府民に愛され、年中、多くの人でにぎわいを見せている。

このように芦原の活躍は多岐にわたるものであったが、自身は晩年、往時を振り返り、以下の言葉を残している。

「今でも一番印象深く思い出すことは、各界各層が垣根を越え、一体となって大プロジェクトの達成に取り組んだことである。種々の難題を解決するため、一生懸命私なりに知恵を絞り、努力したが、やはり解決の本当の決め手になったのは、壮大なロマンの下に結ばれた関係者の方々の結束の力であった」

7 大阪万博で地域冷暖房システムも普及

もしも大阪万博がなかったら、また、その会場内でこれを構想し実現した人々がいなかったら、明らかに普及が遅れ、今得られている恩恵はもっと少なかったと思えるものがある。都市全体をカバーする冷暖房システム、地域冷暖房である。

地域冷暖房とは、都心部の複数のビル開発に合わせて設置される、統合化した冷暖房システムである。その仕組みはというと、冷水や温水を集中して作る熱供給プラントを設け、そこでできた冷水や温水を各ビルに送るため、プラントとビルを配管でつなぐという、言うならば冷暖房・温冷水の地域共有システムである。

都市は企業活動の場であり、個人にとっては仕事や生活の場である。そのために多くのエネルギーを消費しているのであるが、これを認識している人は少ない。しかし実際には、都市で使われるエネルギーの約半分が、冷暖房で使われている。そして既に、地域冷暖房は、東京であれば、全オフィス面積の三〜四割をカバーするほどまでに普及しており、東京の低炭素化に大いに貢献しているのである。

万博の開催が検討された頃、地域冷暖房は、欧州北部のような寒冷地には古くから地域暖房の形で存在したものの、日本にはなかった。冷房がまだ一般的でなく、喫茶店が誇らしげに、冷房中という張り紙をしていた時代である。そんな時代に、会場のほとんどをカバーする、当時としては壮大な冷暖房システムを構想し、多くの会社や人々の協力を得て、それを実現した功績は、極めて大きい。地域冷暖房システムは、万博は未来都市を具体化する場所、という強い理念があってこそ実現した事業といえる。

このような前例のない全都市的システムが、どのような経緯で採用されていったのだろうか。大阪万博で導入された地域冷暖房の計画から実現の過程を見てみよう。

大阪万博の地域冷暖房は、万博は未来都市を具体化する場所、という強い理念があったからこそ実現したのだが、その構想から建設までの過程を見ると、実際には様々な紆《う》余《よ》曲折があり、理想と現実の間で、多くの問題を解決しながらやっと実現した事業であった。

万博の計画が始まった当初、会場計画について様々なアイデアが出され、実現性について検討がなされた。万博は未来都市であるので、自然環境も人工的にコントロールできるのではないか、との理念の下、「人工気候」が提唱された。自然との共生に腐心している現在からすれば、人工気候という言い方には、テクノロジーへの純真無垢《むく》な期待感が感じ取れて、興味深い。

人工気候を実現する具体的な手段も検討された。代表的なものを挙げると、氷塔（大きな氷の柱）や火球（大きな火の玉）である。屋外広場に集まる人々に、暑い日は涼感を、寒い日は温かさを感じてもらうことが狙いである。結局、氷塔も火球も、実現はしなかったが、それらアイデアの柔軟性、思い切りから当時の挑戦精神が見てとれる。

具体的な設計段階でも、地域冷暖房の計画は数度、根本的に見直されている。冷凍機・燃焼器・吸収式冷凍機・ポンプ・配管といった広範囲の機械の塊である地域冷暖房は、どうしてもコストと能力のバランスが問題になる。設備理想を追求した第一次案はそのコスト高から廃案となったが、三分の一の規模に後退した第二次案を経て、最終的には、コストと環境性を磨き、実施案は再び、会場全体をカバーするものとなる。その結果、万博の地域冷暖房は、当時、世界で最大の規模となったのである。

こういった一連の計画、設計は、早稲田大学の尾島俊雄研究室が中心となり、国内の空調、電機、ガス利用に関わる企業が、オールジャパン体制でそれをバックアップした。例えば、核となる冷凍機は、当時一般的であった能力の一〇倍の能力が必要とされたが、複数のメーカーが協力してこれを開発、製造した。まさに世界初のシステム実装に向けた産官学連携の先進例となったのである。

地域冷暖房のその後の広がり

閉幕後、会場は緑豊かな公園として再整備された。日本初であり当時としては世界最大となった万博の地域冷暖房であったが、会場が公園となり、大規模な冷暖房は必要とされなくなる。では使われていた機器類は、どこへ行ったのだろうか。

主要な機器やノウハウは、千里ニュータウンと西新宿の二カ所に受け継がれ、実際の都市開発で、再び活躍することとなった。そして、それを契機に、一九七二年に熱供給事業法が整備され、地域冷暖房はさらに発展するのである。現在、地域冷暖房は全国で一三〇カ所余り。例えば、東京の丸の内や六本木ヒルズ、名古屋駅前の高層ビル群など、大規模な開発には必ずと言っていいほど、地域冷暖房が導入されているのである。

普及段階で地域冷暖房が必要とされたのは、実は大気汚染防止のためである。一九六〇年代から一九七〇年代、日本は高度成長期であり、その結果大気汚染が深刻化し、一九七〇年には東京で光化学スモッグが発生する。もともと万博会場計画の必要性から生まれた地域冷暖房が、違う意味付けを与えられたのである。その期待は特に東京で大きく、この頃から東京都は、大規模開発での地域冷暖房の採用を、積極的に推進する。

また同じ期待は、北海道の札幌市でも大きかった。それまで札幌市では、石炭による大気汚染が深刻であったが、一九七二年の冬季オリンピックを契機に、地域冷暖房の導入が進み、きれいな空を取り戻すのである。

そして現在、われわれは地球温暖化という問題に直面している。日本全体の省CO_2を眺めてみると、工場や運輸分野では、既に実効ある対策が採られているが、都市部での経済活動によるCO_2の排出抑制は、まだ途上であると言わざるを得ない。地域冷暖房は、この有効な対策手段であり、今後、一層の普及が期待される。万博のレガシー（遺産）の一つである地域冷暖房が、今日の都市はもちろん、未来にも生かされている典型的な例を、ここに見ることができるのではないだろうか。

8 万国博と電気交通網

一九七〇年大阪万博の開催に際して、御堂筋線の延伸と大阪空港の国際空港化が重要なポイントであった。これも含めて万博が開かれた大阪府北部の交通網と人々の暮らしへのレガシー（遺産）を見てみたい。

そもそも一九六〇年代初頭まで万博会場の千里丘陵はいわば未開発の土地であり、一番近い現在の阪急南千里駅からも五キロメートル以上離れていた。対面通行がなんとかできる未舗装道路だけで、公共交通機関の阪急バスもたったの一路線のみという、まさに「陸の孤島」であった。現在一五万人以上の人々が暮らす千里ニュータウンは、ほとんどまだ手付かずだったことになる。

特撮ファンならだれでも知っているゴモラが登場するウルトラマン（一九六六年）の「怪獣

殿下」では、千里ニュータウンが撮影の現場に使われている。同じ円谷プロダクションの「ウルトラQ」の「カネゴンの繭」に、多摩ニュータウンの一部である京王線聖蹟桜ヶ丘駅前が使われているのと合わせて、現場は全く何もない丘陵地であり、ニュータウンというもののでき方が思わぬところで実感できる。

当初赤字が懸念され、万博担当大臣・通商産業大臣だった三木武夫の調停を受けてまで整備された北大阪急行延伸であったが、結果的に延伸部分を経営した北大阪急行の赤字懸念は全くの杞憂《きゆう》に終わった。万博期間の利用客は二四〇〇万人と極めて盛況で、この収益で建設費の償却ができた上、万博後の千里ニュータウンの開発も極めて順調に進み、通勤客が増加して予想をはるかに上回る高収益となったのである。

北大阪急行が、低価格を維持できているのも、五〇年近くを経た今もなお、万博がもたらし続けている恩恵の一つである。今日この地区が「北摂」というブランドとともに人気の居住地となり、築四〇年が近づいた集合住宅の建て替え、世代の入れ替わりが比較的順調に進んでいるのは、ニュータウン特有の暮らし良さ、大阪大学はじめ学校の集積等が関係しているが、なんといっても都心部（梅田・淀屋橋・本町・難波）への高速移動が可能な北大阪急行による貢献が大きい。現在同路線は北の阪大新キャンパス他への延伸工事中であり、今日なお発展する偉大な万博の遺産といえよう。

万博に関わる交通手段として阪急千里線にも触れておこう。千里線は、関西大学の大阪市内から吹田市への移転に伴う延伸と、千里ニュータウンの開発に合わせた延伸を重ね、現在の北千里駅までが完成した。万博期間中は会場に隣接する万国博西口駅を設置し、加えて南部からの輸送力を増強するため、万博前年の一九六九年には、大阪市営地下鉄堺筋線の相互直通運転が開始された。

ターミナルだった天神橋駅が地上から地下に移され、天神橋筋六丁目駅と改称されたのは、この時である。同路線は九〇〇万人もの観客を輸送し、しっかり主力輸送路の一つとなったのである。

動くパビリオンと呼ばれた新幹線

また、「万博と鉄道」として意外に関係が深いのが新幹線である。当時の国鉄はもともと一九七〇年万博に大掛かりな出展を検討していたが、経営が悪化し赤字に転落したため、展示したのはリニアモーターカーの小さなコーナーだけであった。

その代わりに注力したのが新幹線である。名古屋―新大阪間の臨時列車「エキスポ号」を走らせ、ひかり号の一二両から一六両への増結、こだま号の一時間三本から六本への増発を実施した。さらには東京以東の観客にも、二二時三〇分という遅い閉館時間まで楽しんでもらい、翌朝八時すぎには東京に到着できるよう、ゴールデンウィークと夏季には、二二時五八分新大阪発三島行きの夜行列車「エキスポこだま号」と、三島で東京まで乗り継げる臨時のこだま号を走らせた。

新幹線は「夢の超特急」と称され、人気は絶大であったが、利用率は十分ではなく、空席も目についたという。国鉄は万博見物と新幹線をセットにして売り出した。万博が日本人の移動にひかりとこだまが定着するきっかけとなった。増結増発にもかかわらず混雑はすさまじいものがあり、あまりの乗客の多さに、赤ちゃんのミルクを作れなくなった母親が出て、乗客が号数をまたいで、お湯の入った魔法瓶をリレーしたという出来事がニュースになるほどだった。

「ひかりは、万国博の動くパビリオン」。

万博が当時とその後の新幹線に与えた影響の大きさを物語る呼称である。

第4章 ポスト大阪万博

1 つくば科学博覧会（一九八五年）

一九七〇年の大阪万博のあと、これまでに四度、日本国内で国際博覧会が開かれた。一九七五年には「海―その望ましい未来」をテーマとする沖縄国際海洋博覧会、一九八五年に国際科学技術博覧会（科学万博、つくば万博）が開催された。さらに一九九〇年の国際花と緑の博覧会（花博）、二〇〇五年日本国際博覧会（愛・地球博）が行われた。

つくば科学博覧会は、「人間・居住・環境と科学技術」をテーマに一九八五年三月から九月に茨城県の筑波研究学園都市で開かれた。この博覧会は、対象を「科学技術」に限定した特別博覧会として開催され、国際博覧会である大阪万博のように、参加国がそれぞれパビリオンを建設するのではなく、博覧会の主催者がパビリオンを用意することになっていた。日本で行われた特別博覧会は「海―その望ましい未来」をテーマとした一九七五年の沖縄海洋博が挙げられ、「自然の叡智」をテーマとした愛・地球博も申請時は特別博覧会だった。

会場となった筑波研究学園都市が計画されたのは、開催から二〇年以上前の一九六一年にさかのぼる。所得倍増計画で知られた池田勇人内閣が毎年約三〇万人以上が流入する首都圏の機能分散を図ろうと、中央官庁の一部を都心から移転させる計画を発表したのである。当初、総理府統計局や恩給局なども移転する計画だったが、省庁の反対にあい、移転するのは省庁に付属する試験研究機関に限られるようになった。その試験研究機関も移転に反対し、移転先となるつくば地域の住民（筑波郡谷田部町・稲敷郡茎崎町）も自身の移転を余儀なくされることを知り、計画に反対した。遅々として進まない整備にいら立った当時の科学技術庁は、一九七〇年代末に「科学技術」をテーマにした万博を誘致する構想を立てた。まだ強烈な印象を残していた大阪万博のような世界的な祭典を再度開催し、一気につくば都市としての整備を進めようとした。これに乗じて茨城県や国も万博を機に常磐線や高速道路

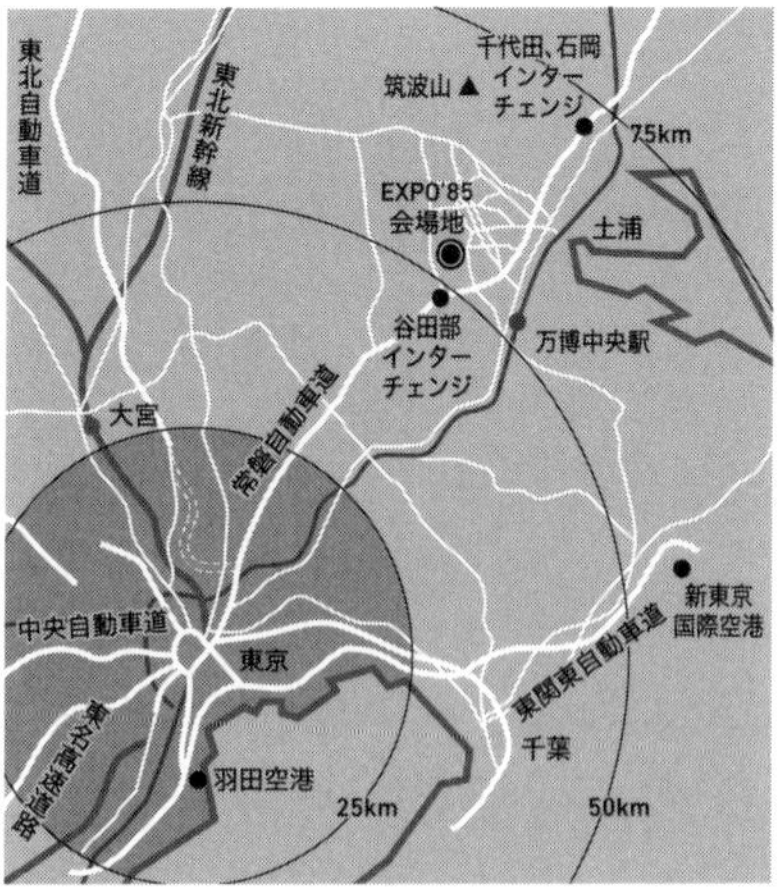

つくば科学博を機に都市機能の整備を図った筑波研究学園都市

などインフラの拡充を目指した。

しかし、当初の集客は思うようにはいかなかった。首都圏で初めて開催された国際博覧会であるにもかかわらず、来場目標の二〇〇〇万人に達したのは、閉幕の前日だったという。会場内にレストランや売店を設けた営業参加者の一部からは、当初の博覧会協会の説明とは話が違うという不満が噴出し、売り上げ納付金の不払い運動で、裁判沙汰になったほどだった。

公共交通機関を使った会場までのアクセスも不便だった。会場へ鉄道で行くには、三通りの方法があり、第一は常磐線の牛久駅と荒川沖駅との間につくられた臨時駅の万博中央駅へ向かうが、乗車時間は上野駅から五五分を要した。第二は、上野駅から常磐線で取手駅へ行き、そこで関東鉄道に乗り換えて三〇分乗車し、水海道駅で下車。第三は、水戸駅から常磐線を逆向きに六〇分乗り土浦駅で下車する、というものだが、これら下車駅となる万博中央駅、水海道駅、土浦駅のどの駅からも、一〇キロメートル以上離れており、博覧会会場まで連絡バスで移動した。このうち、万博中央駅から会場までの連絡バスは連接バスを一〇〇台導入した。いずれにせよ、どの方法も都心よりなかなか遠い道のりだった。

来場者数で苦戦する一方、科学技術の展示は先進的で最新鋭のものだった。宇宙・LED（発光ダイオード）・高度情報通信・自動翻訳といった当時最先端の科学技術が披露されたわけだが、中でも映像、そしてロボットを目玉としたパビリオンが多かった。「Interface　技術との自由な対話」を掲げていた日立グループ館では、五種類の動物像を彫り分ける氷の彫刻ロボットが人気だった。また、入場整理券が必要なほど人が集まった富士通パビリオンの目玉は、二〇〇キログラムのバーベルを持ち上げる世界最大のロボットで、かつ自分のミニチュアも組み立てられるほど手先が器用な「ファナックマン」だった。芙蓉グループは、館の名前をそのまま『芙蓉ロボットシアター』としたほどで、ロボットが先進的な科学技術を表現するのにふさわしい展示だったことが分かる。

つくば科学博の来場者の4分の1は子供だった

多くのロボット技術の中でも先進的だったのは、早稲田大学の加藤一郎教授らが開発したＷＡＢＯＴシリーズである。政府展示館では、電子オルガンを演奏するミュージシャン・ロボット（早稲田大学と住友電工が協力してＷＡＢＯＴ－２をモデルにつくったためＷＡＳＵＢＯＴと名付けられた）が楽譜を読んで電子オルガンを弾いた。そして同じく加藤研究室と日立製作所が共同で製作したＷＨＬ－11が博覧会期間中ずっと二足歩行をし続けた。そのほか、東京工業大学の広瀬茂男助教授らのＴＩＴＡＮも同じ政府展示館で四足歩行を披露した。研究者たちは、当時既に第二次産業では産業用ロボットが活躍しているのを前提として、第一次産業や第三次産業へロボットが進出する将来を考えていた。そのためにはロボットはいずれ工場の外へ出なければならず、段差や自然の凹凸を克服する四足歩行や二足歩行が必要である。また、機能を人間へ近づける過程で、力仕事はもちろん繊細な作業も行う必要があるという発想から、これらのロボットが製作された。

一八四日間の会期中、会場を訪れた約二〇〇〇万人の四分の一は、子供だったが、一生懸命歩く四足ロボットや二足ロボット、電子オルガンを演奏するロボット、自分のミニチュアを組み立てられる世界一大きいロボット、「似てるかな?」と話し掛けながら似顔絵を描いてくれるロボット等を見た子供たちは、ロボットとの共存をはじめとする科学技術の将来に明るい夢や希望をもっただろう。

博覧会の開催によって、常磐自動車道と常磐線も整備され、会場内に整備された道路・上下水道・電気などはのちに工業団地に使用された。世界に名を知られたTSUKUBAの地には筑波大学をはじめとして、国の機関や化学・製薬・建設・情報関連など多数の民間の研究所があり、日本の研究開発拠点として最重要拠点となっている。

2 花と緑の博覧会（一九九〇年）

元号が平成に変わった一九九〇年（平成二年）に、大阪市（一部守口市）の鶴見緑地で開催された国際花と緑の博覧会（略称は花の万博）について紹介する。この博覧会はアジア初の大国際園芸博覧会で、国際博覧会条約に基づく特別博覧会である。

博覧会の狙いは「花と緑と人間生活のかかわりをとらえ、二一世紀へ向けて潤いのある豊かな社会の創造をめざす」となっている。さらに公式ガイドブックに記された基本理念は「世界の多くの国において、都市化は歴史的規模で進行しつつある。高密度の人口集中地域に住み、その中で一生を送る人間の急増は、都市の内部に花と緑のふるさとを創造する必要を高めている。（中略）世界の産業先進国のひとつであり、現代人類の課題を典型的に負っている日本は、自国の文化伝統と、世界の多様な庭園、園芸観の遺産をふまえながら、今回の博覧会で大胆な実験を試みて、二一世紀の地球社会の平和と繁栄に貢献したいと願っている」とあり、「花と緑」を見せる博覧会と振り返られがちな花博が、実は人間社会の行方とその中での自然との関わり方を示した博覧会だったことが分かる。

花の万博は当初、一九八九年の大阪市制一〇〇周年事業の国内博覧会として計画され、一九八四年から国内博覧会開催に向けた関連イベントも行われていた。のちに国際博覧会となることになったが、一九八五年のプラザ合意による円高で景気が冷え込み、当時流行していた民間活力を活用した開催が模索された。ところが、一九八〇年代後半に日本経済はバブル期を迎え、民間パビリオンの出展や資金提供が順調に増加した結果、寄付金総額は国際博覧会史上最高を記録するなど、国内で大小数々のイベントが催されたバブル期でも最大規模の催事となった。

花博の政府苑に展示され話題を呼んだ世界最大の花

花の万博の最大の展示品は庭園やそれを構成する植物である。実際に政府苑や各国パビリオンでは花や植物が植えられ、特に政府苑の「自然・科学館」に展示された世界最大の花「ラフレシア」は博覧会の目玉となった。

会場の中央ゲートの右奥は巨大な政府苑と国際庭園が占める「山のエリア」、正面がいちょう館（大阪府）や一部の企業パビリオンが並ぶ「野原のエリア」である。いちょう館は時空快速艇「カラノ」で大阪文化の過去を学び、開府二〇〇〇年となる二〇六八年の未来に飛ぶ。さらに金曜夜には催事場「好きやねんプラザ」でディスコも開催された。ライド（乗り物）と並んで主力展示手法だった巨大映像では、サントリー館がカナダ・アイマックス社の開発による世界最大の立体映像を展開し、北米大陸の大自然を二七分という長尺で展示した。

日立は世界最大のハイビジョンシアターで「グリーンファンタジア〜交響の詩」と題した森、大地、海の姿を映し出すショーを展開した。同じ映像でも住友館では、ハイビジョン映像「ばらの夢から」でアメリカンバレーシアターの踊り手によるショーを上演した。さらに三菱未来館では大林宣彦監督による世界の自然映像が、全球ドーム映像による体験劇場で話題となった。これは魚眼レンズを使用したカメラ二台を背中合わせにセットしたものを映写機四台で映す、という凝ったもので、観客はあたかも映像にすっぽり包まれ、空中に浮かんだような体験ができた。

会場南西角の「街のエリア」は、企業パビリオンが所狭しと立ち並んだ。三菱・日立・三井東芝・松下・富士通・電力・ガス・芙蓉・住友といった博覧会の常連から、大阪開催ならではの大輪会（大和銀行グループ）、ダイコク電機（パチンコ向けＩＴシステム）など、好況期だからこその実に多彩なパビリオンが出展している。

ロボットも、つくば科学博時代より進歩していた。ガスパビリオンでは映像・ロボットの両方が登場し、ガスボイラーの蒸気圧を使った「綱引きロボ」、連続炊飯による「おにぎりロボ」が登場した。試食もできた「おにぎりロボ」は大人気となった。三井・東芝館では、ロボットによるショーが行われた。音楽学校の練習風景を舞台に五台の生徒ロボットを従えた先生ロボットがクラシック音楽を演奏しようとするのだが、生徒の一人がやんちゃでもっと楽しい音楽をしたいと言い出し、教室が大騒ぎになってロボットたちの音楽が空中で形になる、というもので、演出面でもロボットにコミカルな演技をさせるという進化がみられた。

水を使ったショーとしては、クボタ・セゾングループのアレフパビリオンが大きな話題となった。「海の道・アクアリコルド」（裂水路）と名付けられた水面が割れて一本の道が現れる演出から始まり、花火噴水、散水噴水、霧噴水、ジェット噴水といった水の演出が続いた。大和銀行グループ（当時）の大輪会パビリオンは「水のファンタジアム」である。ここでは「ウオーターディスコ」という大劇場で噴水とレーザー光線による世界最大級のウオーターショーが展開された。この他にも人形とワイヤでミュージカルショーが展開された「芙蓉ミユージカル・シアター」、画家アンリ・ルソーの世界をハイテク技術の映像・レーザー・照明で表現する松下館の「ふしぎな森の館」、異例な天井のないパビリオンでミケランジェロの

「最後の審判」はじめ世界の名画を陶版画にしたダイコク電機の「名画の庭」など、紹介しきれない数々のユニークな展示が多くみられた。一九九〇年は日本の映像・IT産業が生産でも技術でも世界を圧倒した絶頂期であった。花博はその披露の場でもあったことになる。

　花と緑の博覧会のレガシーとしては、鉄輪式のリニアモーターカーがあげられる。花博の会場は、博覧会に合わせて建設された大阪市営地下鉄（現大阪メトロ）鶴見緑地線の終点、鶴見緑地駅に直結していた。博覧会当時開通していたのは京橋・鶴見緑地間で、会場への足を担った。リニアモーターは和製英語で、回転式モーターにおける固定子と回転子をそれぞれ帯状に配置することで直線運動するモーターであり、それを使った車両がリニアモーターカーである。磁気浮上式と鉄輪式があり、磁気浮上式は現在、二〇〇五年の愛・地球博でつくられた愛知高速交通東部丘陵線の藤が丘・八草間で営業中であり、中央リニア新幹線の建設も進められている。大阪市では開業に先立って大阪南港の埋め立て地に実験線を建設し、データ収集、乗務員の習熟運転に充てた。車体は乗車空間を少しでも大きくするために下部を広めにした結果、上四分の一ほどが内側に曲げられ、

博覧会に合わせて整備された鉄輪式のリニアモーター地下鉄

扉のガラスも特殊加工で上部が折り曲げられている。鉄輪式リニアモーター地下鉄はその後、大深度で曲線が多い都営地下鉄大江戸線に採用され、広く知られるようになった。神戸市営地下鉄海岸線、福岡市地下鉄七隈線、横浜市営地下鉄グリーンライン、仙台市地下鉄東西線など、近年新しくつくられた地下鉄の多くはこの方式である。

3 愛・地球博（二〇〇五年）

二〇〇五年三月二五日から九月二五日までを会期として、二一世紀初の国際博覧会が開催された。正式名称は「二〇〇五年日本国際博覧会」、愛称に「愛・地球博」が採用された。また開催地の名をとって、「愛知万博」と呼ばれることもある。「自然の叡智」（Nature's Wisdom）をテーマに掲げ、「宇宙、生命と情報（Nature's Matrix）」「人生の〝わざ〟と知恵（Art of Life）」「循環型社会（Development for Eco-Communities）」というサブテーマに基づいて展示や催事を展開した。

イベントのコンセプトは「地球大交流」である。「国家」を単位とし「万国」を冠とする博覧会であるが、「地球」がキーワードとなる。これを受けて、基幹施設などに「グローバル」という形容が多用された。二一世紀の国際博覧会は、人類共通の課題に対して解決策を提示

新しい国際博覧会の姿を示した愛・地球博

する場として位置付けられる。二〇世紀における「国威発揚型」から、いわば「理念提唱型」へと転換することが求められた。愛・地球博は、新しい国際博覧会の在り方を示す最初の機会となることが期待された。

会場は、愛知県の長久手町、豊田市、瀬戸市にまたがる名古屋東部丘陵。「長久手会場（約一五八ヘクタール）」と「瀬戸会場（約一五ヘクタール）」から構成された。計画では総事業費を一九〇〇億円と見積もっていたが、最終的に二〇八五億円となった。入場者数は一五〇〇万人を目標としたが、最終的には二二〇四万九五四四人の動員に成功、結果として一二九億円の黒字を計上することになった。

長久手会場は、「愛知青少年公園」として整備されていた緑地を転用して確保された。起伏に富んだ地形をそのままに活用すべく、巨大な空中回廊「グローバルループ」を設けて、各国のパビリオン群が配置された六カ所の「グローバルコモン」を連絡した。そのほか日本ゾーン、市民参加ゾーン、国内企業ゾーンや森林体験ゾーンなどがあった。対して瀬戸会場では、里山の環境がそのままに保存された。長久手会場がメインに設定されたのには経緯があり、そもそもメイン会場として想定されていた瀬戸地区が希少種のオオタカの営巣地であることが判明、里山における生態系の保全を求める市民団体が活発に反対論を展開したことから、愛知青少年公園（長久手会場）に変更、よりコンパクトな案に改められた。また建築部材のリデュース・リユース・リサイクルに関する努力、市民団体や学識者、自治体の対話が誠実に行われ、非政府組織（NGO）などの参画も重視されるようになる。こうした経緯の結果、この博覧会は「開発型」であった従来の万博から、「環境保全型」へと転換することとなった。この経緯も考慮されたのだろう、「愛・地球博」の会期中に行われたBIE（博覧会国際事務局）総会において、「〝祝意と賛辞〟宣言」が決議された。

この時期のBIEの動きにおいてもふれておこう。一九八八年のBIE総会にあって条約の改正が議決された。最大の変更点は国際博覧会の区分を変更したことにある。これは、従来、一九七〇年大阪万博のような「一般博」と沖縄海洋博やつくば科学万博のような「特別博」に区分されていたものを、新条約によって大規模で総合的な「登録博」と、小規模で特定の分野を取り上げる「認定博」に区分し直すものである。愛・地球博は、旧条約から新条約へと移行する時期に誘致が始まり、新条約最初の「登録博」を目指したが、カナダのカルガリー博誘致構想との競合があり、旧条約最後の「特別博」での申請を行わざるを得なかった。一九九七年六月、モナコで開催された第一二一回BIE総会において、日本・愛知がカ

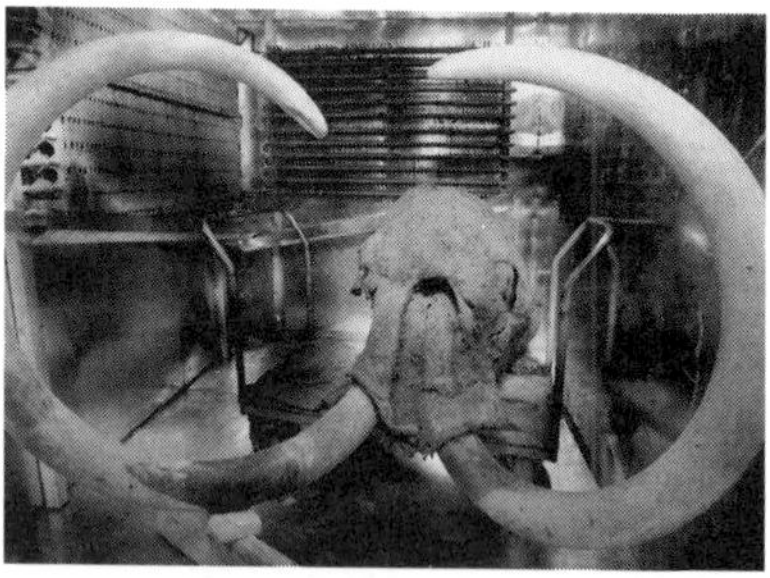

愛・地球博のテーマ館に展示された冷凍マンモス

ルガリーを破り誘致に成功する。この経緯もあって愛・地球博は正式には「特別博」だが、より総合的な「事実上の登録博」という曖昧な位置付けで開催されることになった。

博覧会全体としてはテーマ館であるグローバル・ハウスにシベリアの凍土から運びこまれて展示された「冷凍マンモス」や、イタリア館に出展された海底から引き上げられた古代彫刻などが話題となった。またトヨタ館におけるロボットと自動制御されたコンセプトカーによるパフォーマンスなど、最新技術を用いたエンターテインメントも評価された。

菊竹清訓、木村尚三郎と共に「愛・地球博」の総合プロデューサーを務めた泉眞也は、「愛・地球博」にあって、博覧会の原型と位置づける古代モヘンジョダロの催事にあった「おおらかさ」を実現したかったと回顧している。泉はＢＩＥの名誉議長であったオーレ・フィリップソンの「博覧会という偉大なイベントをよみがえらせたい」とする考えを引用しながら、「大事なことは、文明博ではなく文化博であることです。一番上に文化があって、その下位概念に技術とか経済性がある。そういうすばらしい人間が発明した博覧会を、もう一度原点に戻って考えてほしい」と述べている。（『新建築』二〇〇五年五

月号、新建築社）

環境に配慮する博覧会のシンボルとして、グローバル・ハウスと愛・地球広場の間に、巨大な緑化壁「バイオラング」が建設された。「バイオラング」は、文字通り「生命の肺」である。垂直緑化技術を有する二〇社ほどのアイデアと技術が投入された。期間中に温熱環境の改善効果などのデータを収集することで、新技術の実証実験という役割もこのプロジェクトに託された。会期中に植物が成長することで、近接する催事ステージ、覆屋、巨大モニターを緑がのみ込んでいくように見える。設計者である栗生明は、「バイオラング」は都市を「自然化」する実験装置であり、既存の環境に割り込み、時間と共に成長し、姿を変えていく「生きている建築」としている。

愛・地球博における環境配慮のシンボルとなった緑化壁

泉眞也は、そもそも日本は「巨大なバイオラング」であったと述べ、「国土を高さ三七七六メートル（富士山の標高）、長さ三〇〇〇キロメートルのバイオラングだと見ると、いろいろなものが見えてくる」と述べたという。

次世代の地球にとって、エネルギー技術はいうまでもなく最も重要な要素の一つだ。愛・地球博では、まだイノベーションの初期にあった新しいエネルギー技術の実証実験も数多く行われた。太陽光発電システム、蓄電池、燃料電池システムを組み合わせ、電力と熱を供給する実験的なプラントが設けられ、また会場内のレストランで発生した生ゴミによるメタン発酵システム、建設時に伐採した木材を原料とする高温ガス化システムなども組み込まれた。それぞれでできた電気は、受変電盤で系統電力と一点で連結され、系統電力の力を借りながらも出力の不安定な自然エネルギーの変動を吸収するマイクログリッドを構成した。この新エネルギーシステムの導入に際しては、二〇〇五年日本国際博覧会協会や愛知県、および民間事業者によるコンソーシアムが組まれ、新エネルギー・産業技術総合開発機構（NEDO）の委託を受けるという形で進められた。コンソーシアムには中部電力、トヨタ自動車、NTTファシリティーズ、日本ガイシ、三菱重工業、京セラ、日本環境技研の七社が参加し、万博終了後はプラントを中部国際空港に併せて建設された「中部臨空都市」に移設した。

愛・地球博では、新たな交通システムも注目された。会場に向かうマイカーを対象に、携帯電話を利用して高速道路の出口から、空いている駐車場にまで自動車を誘導する博覧会限定のナビゲーションが導入された。名古屋市内から会場までのアクセス手段として、日本初の試みとなる磁気浮上式鉄道のリニアモーターカー「リニモ」（愛知高速交通東部丘陵線）が敷設された。市営地下鉄東山線の藤が丘駅から、万博会場駅（現・愛・地球博記念公園駅）、万博八草駅（現・八草駅）までを最高時速一〇〇キロメートルで運行した。路線距離八・九キロメートルの藤が丘―万博八草間の所要時間は一七分。無人による営業運転では日本最高速を更新した。

4 愛・地球博が拓いたデジタル時代の黎明

愛・地球博では、二〇一〇年代後半から世界を席巻することになるデータ、AI（人工知能）、モビリティ革命、ロボットといったデジタル技術を先取した展示が数多く見られた。長久手会場内では、施設内交通として、無人運行のビークル「IMTS（Intelligent Multimode Transit System）」が運用された。トヨタグループが開発した無人運転の電波磁気誘導式のバスシステムで、レーダーで車両相互の位置を把握、路面に埋め込まれた磁気ネイルで誘導される。運転席には、博覧会の人気マスコットであったモリゾーとキッコロの縫いぐるみを座らせた。

JR東海は「超電導リニア館」を出展した。「超電導リニア、発進！ 陸上交通システムの限界を超えて」をコンセプトに、技術的に完成しており、すでに実験段階にあったリニアモーターカーを多面的に紹介した。超電導リニアの実用化に至る鉄道の歴史、技術開発、社会的背景を学ぶプレショーの後、「超電導リニア3Dシアター」に入る。山梨実験線を時速五〇〇キロメートルで走行する超電導リニアを撮影した動画を、縦一〇メートル、横一八メートルのハイビジョン3D映像で見ることができた。「超電導ラボ」では、世界最高性能の高温超電導磁石による飛翔体の発射実演、超電導現象を利用した浮上実演などを通じて、日本が世界に誇る超電導技術が開発された足跡も紹介した。さらにこの二年前に山梨リニア実験線で、有人走行による当時の世界最高速である時速五八一キロメートルを達成したダブルカスプ形状の先頭車「MLX01-1」も出展、実際に未来の車両に乗り込むことができた。

愛・地球博の日本館では、伝統的な日本や地球を見せながら最先端のデジタル技術が使われた。竹下景子が総館長を務めたこのパビリオンでは、3R（リデュース、リユース、リサイクル）を徹底するべく、一一の「サステイナブル新技術」が採用された。柱には間伐材を使用、接合部にはリユースを可能とする「竹コネクター」を使用、舗装材には「土に還る煉瓦」が使用された。

新エネルギーで100％電力供給を行った長久手日本館

長さ九〇メートル、幅七〇メートル、高さ一九メートルの展示館は、特殊な改質処理が行われた竹のケージで覆われた。二重壁とすることで熱負荷を低減する工夫であり、伝統的な日本建築の蔀戸（しとみど）や簾（すだれ）に発想を得たデザインであるとされた。素材の質感もあって、巨大な竹籠、もしくは繭を連想させる日本的な外観となった。屋根は、光触媒の超親水性がもたらす放熱効果を生かすべく、コーティングを施した鋼板で仕上げられた。上部から水を流して薄い膜をつくり、表面で水が蒸散する際に奪う気化熱で、屋根面を冷却しようとする試みである。伝統的な「打ち水」の習慣を、先端技術で今日的に解釈したものであると説明がされていた。

展示内容は、ゾーン1では、失われつつある人と自然のつながりを、二五〇面のマルチスクリーンの映像で体感し、自然の秩序を象徴する規則的なグリッドを背景に、様々な映像が漂い、崩落していく演出で環境の危機を表現した。ゾーン2は「動く歩道」で移動しながら、戦後六〇年間の日本変容を追体験する「メディア・チューブ」である。戦後から二〇〇〇年までを一〇年刻みで六期間に区分、風景の定点観測、時代を象徴する出来事と取り組み、くらしの記憶などを順に紹介した。

またゾーン3では、光、音、風、香りなどの効果によって、森林空間を体感することができた。自然と共生するための新技術や創意工夫が紹介されていた。

そして映像の最先端技術として日本館でもっとも話題となったのが、世界初となる三六〇度全天球型シアター「地球の部屋」である。地球の一〇〇万分の一の大きさとなる直径一二・八メートルの球体内の全面をスクリーンとする。一二台のプロジェクターを使用、足元から頭上まで文字通り全球に高精細・高輝度・高コントラストの動画を投射した。また最先端の映像調合技術によって、継ぎ目や画面の重複もなく、同時に観覧場として架けられたブリッジや入場者の影が映り込まない映像空間を実現させた。大空を舞う海鳥たち、美しいサンゴの海底、回遊する魚群、満天の星、宇宙から眺めた地球の姿などが投影される。観客は、自身が地球の生命力に包み込まれ、また空中や水中に浮遊している感覚を持つ。「機動戦士ガンダム」シリーズに登場する、全球をモニターとするコックピットを連想させる装置である。独特の浮遊感が味わえる「地球の部屋」は、博覧会終了後、上野の国立科学博物館に移設され、「THEATER三六〇（シアター・サン・ロク・マル）」として再利用されている。

この他にも観客が映像ショーに登場する三井・東芝館の「フューチャーキャスト」も、入館時、全員の顔情報が3Dスキャナーで取りこまれてデータはすぐさまCG処理に回され、並列処理でリアルタイムCG映像が制作されるという、AR（拡張現実）・VR（仮想現実）を先取りしたものであった。三菱グループの「三菱未来館@earth」の出展も、もしも月がなかったら、地球はどうなっていたのかという疑問を入り口に、「いまこの地球に生きている不思議、その奇跡へのまなざし」というテーマで巨大映像と鏡、音響などのスペシャルイフェクツを複合させた「ＩＦＸシアター」を展開し、月のない地球がいかに殺伐とした世界になるのか、月があることで均衡が取れ、奇跡的に美しい地球が維持されているのかを観客は体感することができた。

のちのスマートフォンでの情報取得と活用、という仕組みを先取りしたユビキタス（いつでもどこでも情報が得られる）社会の実現を訴求するパビリオンもあった。一例が日立グループ館であり、「Nature Contact～日立のＩＴで蘇る希少動物達とのふれあい」という出展テーマで、来場者が自分の情報表示端末「Nature Viewer」を持って楽しむライド方式パビリオンだった。この端末は、日立グループの技術である、「モバイル機器向け燃料電池」と「.iＶＤＲ（持ち運び可能なＨＤＤ）」、そして「ミューチップリーダ」を組み合わせて実用化された独自のデバイスで、これを持った来場者が希少動物の情報を得て、ユビキタス・エンターテインメント・ライドに乗り、「プロローグ（渓谷）」「ジャングル」「サバンナ」「オーシャン（海）」「エピローグ」の五つのシーンで、３ＤＣＧ（立体視映像）で表現された仮想空間と現実空間とを、リアルタイムに継ぎ目なく融合させる「Mixed Reality（複合現実感）」を体験、眼前に広がる希少動物たちが暮らす世界に没入することができた。ポストショーでは、メインショーの途中で撮影された入館者自身の写真を、入場券に付与されたミューチップを用いてユビキタスディスプレーで閲覧することができた。

センサリングやデータ活用の先駆けもこの博覧会で見られた。会場外ではあるが、愛・地球博の開催に合わせてトヨタ自動車とトヨタホームが作った「トヨタ夢の住宅 PAPI」では、「豊かさ二倍に、環境負荷半減」をうたって、東京大学・坂村健教授の発想を展開した環境、防犯、防災等各分野の最先端技術が実装された。住宅内の各所に配置されたセンサーによって、住宅と住人の状況を認識する「ユビキタスネットワーク」が構築され、空調や照明、エネルギーなどが、自動的に最適な状況に常に制御された他、帰宅した際には、人の気配を感じ、自動的にBGMが流された。居間にあるホームシアターのモニターは一番観賞しやすい快適な環境となるように、音響と照明を快適にチューニングする仕組みが導入され、キッチンの壁面には「インテリジェント収納」が組み込まれた。収納されている日常的な消費品の情報をセンサーで把握しつつ、コンピューターが管理、必要なものが自動的に補充されるというアイデアが示された。寝室には、光、音、空気の質など、室内環境を最適にコントロールする工夫がされるとともに、穏やかな眠りを誘うBGM、寝返りしやすく快適な姿勢で眠れるマットレスなども用意された。眠りの深さを推定する生体情報センサーと連動したLED・HID照明、ブラインドシャッターによる採光の制御システムを組み入れて、睡眠から目覚めまでをサポートするものとされた。住宅と車、住人を総合的に守る「スマートセキュリティー」も実装され、エントランスは、車に乗ったままで安全に出入りができるように工夫された。留守中に発生した異常は速やかに通報され、家族はユビキタスコミュニケーターで連絡を受け取ることができた。家に入る前に、家が住人に、内部で発生した異常を教えてくれるのである。

愛・地球博の次世代・デジタル技術チャレンジで印象的なのが、様々なロボットである。三菱グループのパビリオンでは、ロボットアテンダント「wakamaru」が人気を集め、トヨタグループ館ではロボットが展示の主役であった。二一世紀の「モビリティの夢、楽しさ、感動」をテーマに、「地球と共生するモビリティのあり方」「地球規模で移動する喜びや夢、モビリティの魅力」を紹介したこのパビリオンでは、ウエルカムショーでのDJロボットと司会者との楽しい掛け合い、楽器演奏ロボットによるバンド演奏等、人間型のロボットが大活躍した。メインショーは、観客席を取り巻く三六〇度の大型スクリーンに未来社会のイメージを投影、アリーナでは一人乗りのコンセプトビークル「i-unit（アイユニット）」や、搭乗歩行型ロボット「i-foot（アイフット）」が、ダンサーや楽器演奏ロボット八体による楽団「concero」と一体となった演技を展開する。

i-unitは「人間の拡張」というコンセプトの下、クルマに「乗る」のではなく「着る」という感覚で設計された。植物の葉をモチーフに、人を包み込むようなデザインが採用された。走行に応じて、通常の視線の高さで走る「低速姿勢モード」、ホイールベースを延長して安定性を確保する「高速姿勢モード」に可変することができた。博覧会に先立ち、トヨタ・パートナーロボットを発表した。福祉・モビリティ・製造など、様々な領域にあって「人の活動をサポート」することを目的に、「二足歩行型」「二輪走行型」「搭乗歩行型」の三種類が製作された。このうち「搭乗歩行型」がi-footのベースとなった。これらのロボットは博覧会の終了後もトヨタ産業技術記念館やトヨタ会館などで、トランペットを操るロボットによる演奏が継続され、今後の技術の各方面への展開が期待されている。

Column 3

電力館の歩み

電気の展示は、明治大正期には常に博覧会の主役であったが、二〇世紀後半においても電気とその利用機器は人気のコンテンツであり続けた。日本においてその主役は一九五一年に発足した九電力会社であり、その発足から様々な展示会の場で電源開発や電気利用についてのPR活動を行っていたが、電気事業連合会として合同でパビリオンを出展したのは、一九七〇年の大阪万博が最初であった。ここでは、以降の電力館の展示と様子を、それぞれの時期の日本の電気事業が置かれた状況と合わせて振り返っていきたい。

一九七〇年大阪万博では未来的な電気の展示（携帯電話、全自動入浴機、自動家電等）が数多く登場したが、電力館では「人類とエネルギー」をテーマに、むしろ当時の電気事業の基本課題である電源開発と電気の根源的価値が訴求された。その内容は、人類が火を使い始めてから、ちょうどこの万博期間中に美浜1号機が営業運転に入った原子力発電時代までの、人間とエネルギーの「太陽への挑戦」をテーマとしたドキュメンタリー「太陽の狩人」に象徴されている。以降の電力館の展示に受け継がれる「原子力と母なる太陽の原理は同じ」という考え方は、このシアターでの五台の連動カメラによるパリ・テヘラン・東京・バンコク・ニューヨークの日の出と真昼の太陽を追う演出から始まったともいえる。加えて、「電力ギャラリー」での原子力の原理の展示解説は、チェルノブイリ事故以降の電力会社によるPR展示の基本形となった。

さらに、「電気を使った面白さ、不思議さを見せる」という、それこそ一九世紀末の万博初期から世界の電力展示に引き継がれてきた要素は、水上劇場でのマジックショー「エレクトリック・イリュージョン」や、マジシャン引田天功（先代）のスクリーンとの掛け合い奇術「マジック・バラエティ」、レーザー光線マジック「空飛ぶ自動車」などに存分に見ることができる。これらの展示やショーは、「電気の不思議」の本質に迫っているという点で、振り返れば一九〇三年、大阪・天王寺での勧業博覧会での電気館（不思議館）での展示、例えば電気の妖精カーマンセラのショーを思い起

つくば博の電力館

こさせるものがあり、大阪万博での展示にかける関係者の思いが感じられる。結果的に電力館は会場内の人気パビリオンの一つとなり、以降の国内万博での出展がレギュラー化していくのである。

続いてつくば科学博での電力館は、「エレクトロ・ガリバーの冒険」と名付けられたいわゆるライドもの（乗り物方式）である。以降一九九〇年の花と緑の博覧会、二〇〇五年の愛・地球博の電力館は基本的にライドものとなった。ライドに乗って出発すると自然エネルギー（自然の体験）→化石エネルギー（植物起源でエネルギーができる様子）→宇宙・太陽と続き、太陽が核融合を繰り返す原子炉と同じ仕組みであることの説明がされる。その後、日本で稼働中の原子炉が紹介され、エネルギーの未来を示しながら出口へ向から構造となっている。

エレクトロ・ガリバーの音楽を手掛けたのはわが国電子音楽の第一人者であり、一九七〇年代に「月の光（ドビュッシー）」「惑星（ホルスト）」「展覧会の絵（ムソルグスキー）」というシンセサイザーによる三作品を大ヒットさせた冨田勲である。冨田はライドの体

電力館におけるライドものはしりとなったつくば科学博のエレクトロ・ガリバーの冒険

験と合わせるために何度も会場を訪れ、曲を変更してようやく完成に至ったという。

こうした展示を見ると、当時の関係者の原子力の意義と技術に関する普及啓発への熱意が強く感じられる。ちなみに館長はのちに参議院議員となり、わが国エネルギー言論のリーダーとなる故・加納時男であった。当時は電源立地がある程度順調に進み、石油ショックから数年を経て、日本の産業も好調であり、電気事業としては発足後もっとも安定した時期で、今こそエネルギー基盤の生命線である原子力を人々に強力にアピールすべきと考えたのは当然といえる。実はそれも、翌一九八六年のチェルノブイリ原子力発電所事故で暗転することになるのだが、それも含めてつくばでの国際科学技術博覧会は、電気事業にとって基盤が固まり、次の世代の技術に期待が持てたという、一つの絶頂期であったという表現もできるかも知れない。以降の電力館展示は、より自然との共生や環境のアピールへとシフトしていくことになる。

花と緑の国際博の電力館は、ライド「ルミナー号」による一三

花博で好評だった「ひかりファンタジー」

分間の光のショーの体験「ひかりファンタジー」である。電気を見せる手法としての光は、電気事業の創業以来人々にとって電気を感じる一番大事な要素であり、一九世紀末にはアーク灯、一九〇〇年代初頭には電球照明によって、戦後は電子運動による蛍光灯やその変形であるネオンがその役割を果たしてきたが、ひかりファンタジー館に登場したのは当時装飾に使われ始めて間もない光ファイバーによる発光である。光ファイバーはもともと情報伝送のために開発・普及した技術だが、一〇〇〇万個以上の光源を集め、坂本龍一による幻想的な音楽とミックスさせたひかりファンタジー館は、会場内でも最も人気を集めたパビリオンの一つ（五〇〇万人突破は最速）となり、三時間待ちは当たり前という記録も残っている。発光技術はこの後、日本人も参画した青色発光ダイオードの発明によって熱や運動がまったく介在しないＬＥＤ（発光ダイオード）の時代へと進んでいく。

二一世紀に入り電気事業は地球温暖化への対応という大きな課題に直面することになったが、その象徴とも言える二〇〇五年の愛・地球博での電力館は、「ワンダーサーカス」である。ライドは「フク丸エクスプレス」と呼ばれたもので、出発から万華鏡→宇宙→地球への到着（会場景観）→海→地球の自然と四季→日本の祭り（ねぶた他）と順に経由して出口に至る。チェルノブイリ事故以降の原子力への抵抗感、二〇〇二年の東京電力柏崎刈羽発電所でのシュラウドひび割れ報告漏れなどを受けて、原子力を含むエネルギーに関わる直接的な展示は控えられ、「地球と人と夢、この素晴らしい世界」という全体テーマに沿った演出に力点が置かれた。時代を反映して、地球環境問題への対応を意識した取り組みが多く見られ、それらを学ぶための舞台裏ツアーも行われた。燃料電池と太陽光発電による発電（四〇キロワット）が利用されたほか、ダム流木や堆積砂といった電気事業廃材を使った路盤材による暑さ対策（照り返しの緩和）、さらには火力発電所石炭灰を利用したレンガの利用、火力発電所取水口から駆除したクラゲや貝を使った花壇の肥料、といった工夫がそうである。

こうした電力館の歩みを振り返りながら来るべき二〇二五年の

大阪・夢洲での大阪・関西万博を考えてみると、直近の愛・地球博から二〇年の時を経て開催されることとなり、出展するとなれば電力館にとっては一九七〇年大阪万博以降で最長のインターバルとなる。これまでの電力館の歩みを戦前の電燈会社時代にまでさかのぼってまとめると、創業から一九八〇年代までは「電気の可能性を見せる」「最新の電気利用を見せる」時代であり、花博以降は電気と社会の関わりや共生を見せるものであったといえる。考えてみれば一九九〇年代からの電気事業は、どちらかといえば原子力発電の社会的受容に問題を抱え、大型化・多重化などによって圧倒的な生産性向上を実現していた供給技術のイノベーションも、それまでの勢いがなくなっていった時代である。これに対して二〇二〇年代は、省エネルギーの大幅な進展、データ活用の可能性拡大、再生可能エネルギーの低コスト化、蓄電池の高性能化とコストダウン、電気自動車を使ったV2X、それらをつなぐIoTの進歩、AIやロボットの高機能化と電気事業への応用、電気のP2P取引（ブロックチェーン利用）、それらを使った送配電ネットワークの強靭化等、需要側資源を中心に電力デジタル革命ともいうべき大きなイノベーションが生まれる大変動期がやってきている。

万博でそれらの最新技術を紹介することも選択肢の一つかもしれないが、この連載で何度も出てきているように、博覧会はその数十年先の世界のモデルを示すものであり、「あなたはこれから電気でこうなる」「電気は世界にこう貢献する」というイメージや未来像を提示するのが本道だとすれば、電力館もそうでなければならない。

大阪・関西万博のメインテーマは「いのち輝く未来社会のデザイン」である。電気のイノベーションが世界の人々のいのちにどう貢献し、どんな未来社会を実現できるのかを表現しなければならないが、一方で間違いなく地球全体は脱炭素化の課題の中で必ず超電化時代へと突入していき、電気技術は社会にとってより必需性の高い存在となろう。そのことを前提に、次の電力館は構想されることになるのではないだろうか。

第5章 近年の国際博覧会

国際博覧会は、一九世紀のロンドンで創始された。会場は、各時代における人類文明の展覧場であり、世界の縮尺模型を示す場となる。その変貌は、エネルギーに関する革新と発展に、おのずと歩調を合わせるものになってきた。つまり、初期の国際博覧会においては、欧米の首都に世界中の文物を集めると同時に、蒸気機関による技術革新の成果が示され、二〇世紀初頭の万博では、電気エネルギーによる生活文化の革命と、大量生産・大量消費社会の到来が予告された。

一方、二〇世紀後半の博覧会では、原子力の可能性が示された。また会場内の展示などでは、映像や高度情報システムなどが中心となった。情報に関する技術革新が、国際博覧会のありようを刷新したかたちだ。

対して、二一世紀前半の国際博覧会はどうか。二〇〇〇年のハノーバー博が「人間・自然・技術」をテーマに掲げ、さらに二〇一〇年の上海博が低炭素社会の実現を目標に掲げつつ「より良い都市、より良い生活（Better City Better Life）」を主題としたように、エネルギーに関する技術革新を示す前提として、環境問題への対応が前提となった。

象徴的な事例が「未来のエネルギー」をテーマとした二〇一七年のアスタナ博である。この博覧会では、水素エネルギー、太陽光や風力発電など、様々な代替エネルギーについて、議論する場が用意された。資源大国であるカザフスタンで主催された万博であるがゆえに、その問題提起は重要である。こうした二一世紀の産業技術転換についてはＢＩＥ（博覧会国際事務局）でも強く意識されてきた。一九九四年六月、第一一五回ＢＩＥ総会にあって、「二一世紀の国際博覧会に向けた決議」が採択された。国際博覧会を地球的課題解決の場として位置付け、今日に至る方向性が定められた。この決議においては、国際博覧会の「本質的な目的」を、「人類の知識の向上および相互理解ならびに国際協力への貢献」であると強調、その「目標」は「諸民族、諸国家の文化的なアイデンティティーに対する理解を深めること、既に達成された進歩および未来への展望を一般大衆へ周知すること」と位置付けられた。「決議第一号」は「博覧会のテーマ」についてであり、「全ての博覧会は、現代社会の要請に応えられる今日的なテーマがなくてはならない」、また「テーマは、全ての参加者がそれを表現できるほどに十分大きなものであって、当該分野における科学的、技術的および経済的進歩の現状と、人類的、社会的な要求および自然環境保護の必要性から諸問題を浮き彫りにするものでなければならない」としている。「決議第二号」は、「環境への会場の組み込みと跡地利用の条件」に関するもので、会場および会場へのアクセスなどの都市基盤にあっては、公害発生の危険度の低減、緑地の保護と設置、ならびに不動産開発の質について、配慮がなされるべきものだとする認識が示された。また博覧会閉会後の会場跡地の活用や、インフラの再利用など、レガシーに関しても環境面での配慮が求められた。このように再定義が行われた背景には、グローバリズムの下に経済成長が加速する世界全体の動向があると思われる。これまで以上に多くの国々が国際博覧会条約を批准し、万博はより国際的なイベントへと進展することが求められるようになった。また結果として、主催国を目指す地域や諸国が多様化することも促された。

そうした視点で、二〇世紀末から二一世紀初頭に開催された国際博覧会を、簡単に回顧しておきたい。二〇〇〇年、ハノーバーで万国博覧会が開催された。テーマは「人間・自然・技術」、万博史上最多の国や機関が参加、旧条約における「一般博」としては最後のイベントであった。ドイツでは初の大規模な国際博覧会であり、一八〇〇万人を動員したが、日本円で約一二〇〇億円に及ぶ赤字を積み残した。

続いて二〇〇五年、「二〇〇五年日本国際博覧会」つまり愛・地球博が開催されたが、ここからが新しい条約に基づく博覧会であり、各国の展示館を主催国が用意する認定博の枠組みとなった一方、登録博に準じる六カ月の開催期間が認められた。

次に二〇〇八年にはスペインのアラゴン州、州都サラゴサで「サラゴサ国際博覧会」が開催された。蛇行する河川の河川敷に人工地盤を建設して、イベントの用地を確保した。テーマは「水と持続可能な開発」で、「水─限りある資源」「生命の源である水」「水のある風景」「水─人々をつなぐ要素」というサブテーマにあるように、河川および水資源に関する国際博覧会であった。

さらに「中国二〇一〇年上海世界博覧会」が開催されたが、これは中国にとって二〇〇八年の北京オリンピックに続く国家プロジェクトである。「より良い都市、より良い生活」をテーマに掲げ、「環境」に配慮した都市の在り方について、各国の知恵と実践を示す場となることが企図された。そのため上海市街地に接した工場地帯を転用、跡地を都市的に再整備することをレガシーとした。

二〇一二年、韓国麗水市において、認定博覧会である「麗水世界博覧会」が開催された。「生きている海と息づく沿岸—資源の多様性と持続可能な活動」をメインテーマ、「沿岸の開発と保全」「新しい資源技術」「創造的な海洋活動」をサブテーマとする。海と沿岸に関する人類共通の課題、すなわち海洋汚染の深刻化、海洋生態系の破壊、海面の上昇などを人類共通の課題と位置付け、その対策を模索、人類の生存に関わる海の望ましい未来像を探ることを理念に掲げた。

舞台は欧州に戻る。二〇一五年、イタリアのミラノ市において「ミラノ国際博覧会」が開催された。この博覧会では「地球に食料を、生命にエネルギーを」をテーマに掲げた。ミラノに近いトリノ市などがスローフードに関する活動が発祥した土地柄であることを意識しつつ、飢餓を巡る問題や食料に関する安全保障の他、生物多様性の重要性を広めることなどが問題提起された。

二〇一七年には、カザフスタンのアスタナ市で「アスタナ国際博覧会」が挙行された。「未来のエネルギー」を主題とする認定博であり、中央アジアでは初となる国際博覧会である。風力や太陽光、水素エネルギー、波力、廃棄物の利活用による発電など、持続可能なエネルギーを巡る技術開発に関して、各国が展示を展開した。真球の巨大構築物であるカザフスタン館を中心に、各国の展示館が同心円状に配置された。

今後も、国際博覧会の開催が決まっている。現在、二〇二〇年一〇月の開幕に向けて、「心を繋いで、未来を創る」をテーマに掲げる「ドバイ国際博覧会」が準備の途上にある。さらに二〇二三年にはアルゼンチンのブエノスアイレス市で、「人類の発展のための科学、イノベーション、芸術と創造性」を主題とする博覧会が予定されている。前者は中東・アフリカで、そして後者は南米では初の国際博覧会の開催となる。こうして見ると、国際博覧会は欧米諸国が主導した二〇世紀型から転じ、開催国も主題も、より多様になったことが分かるだろう。

以下、電化に及ぼした影響に目を配りつつ、二一世紀に開催された海外での国際博覧会についで述べてゆくことにしたい。

1 上海世界博覧会（二〇一〇年）

二〇一〇年、上海が史上最大のイベント都市となった。五月一日から一〇月三一日まで、一八四日間の会期で、国際博覧会条約に基づく登録博覧会が開催された。

二〇〇二年一二月三日に、モンテカルロで開催されたBIE（博覧会国際事務局）の総会で、メキシコシティ、モスクワ、麗水（韓国）、ヴロツワフ（ポーランド）の各都市を破って、上海での開催が決定した。中国では最初の国際博覧会になる。

上海博に向けて、中国政府はアフリカ諸国などに参画を呼び掛けた。また会場の跡地利用にあって、国際博覧会の歴史に関わる世界初となるミュージアムを開設した。上海への誘致活動が奏功した背景には、国際博覧会の新たな展開を支援、BIEに貢献を果たしたことがあったと思われる。

上海国博のテーマは「より良い都市、より良い生活」
（写真：橋爪紳也コレクション）

正式名称は「中国二〇一〇年上海世界博覧会」だが、中国では「上海世博会」「上海世博」などと略された。一方、日本向けの公式ホームページでは「上海万博」と記載した。

会場は長江につながる黄浦江の両岸、立地を生かした造船所のドックや各種の工場が占めていた場所である。より巨大な船舶を造る必要から、工場群は下流に移設された。その跡地が、博覧会場に転用されたかたちだ。

中国館を中心に各国のパビリオンが並ぶ東岸の「浦東エリア」、民間企業と各都市の展示館が占める西岸の「浦西エリア」の二区画から構成された。双方を合わせると総面積は三二八ヘクタールに及ぶ。博覧会史上、最大の広さである。東西の区画は、河底の道路を往来する電気バスやシャトル船で連絡された。

上海世界博覧会には一八九カ国が参加、国際機関も加えると二四六に及ぶ。上海協力機構や欧州連合、東南アジア諸国連合（ＡＳＥＡＮ）、アラブ連盟、アフリカ連合などの地域連合が出展した点も特徴である。一九七〇年大阪万博以来、四〇年ぶりの出展となる中華民国

（台湾）の出展や、北朝鮮の国際博覧会への初めての参加が話題となった。

建設、運営費用などの総事業費は約三九〇〇億円、空港や地下鉄などのインフラ建設や都市整備などを含めると約五兆五〇〇〇億円が投入された。これも国際博覧会史上、最高額と評価された。運営や成果に関しては、アジア初の国際博覧会であった大阪万博がベンチマークとなった。最終的に、会期中の入場者は七三〇〇万人を数え、大阪万博が達成した従来の記録を上回った。

「調和のとれた都市」を追求

上海世界博覧会では、「より良い都市、より良い生活（Better City Better Life）」をテーマに掲げた。

どのような都市がより良い生活をもたらすのか、どのような生活が都市をより良くするのか、どのような都市開発が人類とその他の生物にとって地球をより良い家とするのか、という問い掛けの下、各国が都市づくりにあって「調和のとれた都市」を目指すべきだと強調した。

問題提起の背景には、世界的な人口爆発と都市への人口集中がある。国連の推計では二〇一〇年までに都市人口は、世界の総人口の五五％に達し、世界はより深刻な都市問題に直面することが予測されていた。

より具体的には、サブテーマによる展開が示された。

「都市における多様な文化の融合」では、芸術、倫理、教育、宗教、スポーツ、娯楽、歴史、文化的遺産などの要素を通じ、多様な文化の共存における都市の夢を示すこと。

「都市における経済的繁栄」では、都市化、産業、持続可能な開発、都市環境、空間的構造と形態、輸送などの要素を通じ、望ましい環境を備えた都市を提示すること。

「都市における科学技術の革新」では、科学と生活、情報技術革命、デジタル都市、エネルギー技術、生命科学、環境技術、都市輸送技術など、科学技術の革新を通じた都市の創造性を提示すること。

「都市におけるコミュニティーの再編成」では、コミュニティー・サービス、住宅供給、高齢化社会対策、子ども対策、家族・結婚、健康な生活などの要素を通じ、望ましい環境を備えた都市を提示すること。

「都市と地方の交流」では、地方開発モデル、生態環境保護、人と自然の共存、衛星都市と副都市、農業技術革命と庭園都市、余暇と娯楽、山地の樹林、水問題などの要素を通じ、都市と地方との健全な交流を可能にし、かつ自然と調和した都市を提示すること。

すなわち、多様な文化が融合し、経済がほどよく発達し、科学技術に頼り過ぎず、コミュニティーが機能し、都市と地方が相互作用を及ぼし合うような都市づくりを目指すべきであるという主張が展開された。

工業地帯を先進地区に

会場となった黄浦江両岸は、市街地に隣接した工場地帯であった。歴史的建造物が並ぶ外灘の上流にあるが、空気感はまるで異なる。風向きによっては、集積した工業施設からのぼい煙が市街地に流れ、また堆積した粉じんが市の中心地に飛ぶ。悪化した環境を改善し、復元するべく、施設計画や会場計画に先端的な技術が導入されていた。

博覧会は、この工場地帯を環境に配慮した先進的な地区に改良する契機となることが目標となった。一万八〇〇〇世帯、二七二社の事業所を移転、合わせて工場で働く人たちの居住区を撤去した。一方でエリア内にある既存の建造物の多くを保存・改築し、展示施設や催事場に充てた。

会場には、川沿い四カ所の公園のほか、広大な緑地を確保するとともに、建築の配置を工夫して東南からの風が吹き抜けるように「風の道」が設定された。

中心となったのは「一軸四館」と総称される恒久施設群であった。このうち「一軸」となったのが、一キロメートルほどの長さがある「世博軸」である。低炭素社会における都市基盤のモデルとなることを目標に設計がなされたもので、地下鉄駅とデッキを立体的に重層化するものだ。

「世博軸」を立体的に貫く高さ四〇メートルの巨大なロート状の構築物は、「陽光谷（サン・バレー）」と命名された。晴天の日には下層に太陽光を送る開口となり、雨天には全長八〇〇メートル、七〇〇〇トンの容量がある地下の貯水池に雨水を導く役割を担う。河川と地下水を用いた空調システムも整備され、地域冷房費用の二割を削減する。また高架歩道や軸上の景観大道は、おがくずやピーナツの殻を再利用した材料が使用されている。

この軸に隣接して、テーマ館（都市人館・都市生命館・都市プラネット館）、中国館、世博文化センター、世博博覧センターの、いわゆる「四館」が建設された。このうち世博文化センターは一万八〇〇〇人を収容、北京の国家体育館と並ぶ中国最大級の屋内アリーナである。万博終了後はドイツのダイムラー社がネーミングライツを取得、メルセデス・ベンツアリーナと命名された。

テーマ館が各エリアに点在

上海世界博覧会では、会場内各エリアにテーマ館を点在させた。

浦東エリアには、「都市人館」「都市生命館」「都市プラネット館」から構成されるメインのテーマ館が新築され、「一軸四館」と呼ばれた恒久施設群のひとつに数えられた。

対して浦西エリアには、世界各地の都市の歴史を展示する「都市足跡館」、ベストシティー実践区は将来における都市の可能性を示す「都市未来館」が用意された。

この中で「都市人館」は、現代の都市における生活やビジネス、レジャーなどの活動を紹介、人々の暮らしをより豊かにする都市の在り方を提示した。館内に、障がいのある人たちのケアと共生を主題とする「生命陽光館」が設けられて注目された。国際博覧会としては初めての試みである。「差別をなくし、貧困をなくし、生命を思い、陽光を分かち合う」ことを主題に、障がい者の参加と相互の対話、触れ合いを重視し、誰もがより快適に生活を送るために求められるシステムなどが紹介された。

地球の様々な姿を見せた都市プラネット館
（写真：橋爪紳也コレクション）

「都市プラネット館」は、世界的に都市化が進捗する現状を踏まえ、様々な負荷が地球に対して及ぼす影響を提示する。巨大な半球モニターに、汚染されつつある地球、海球としての地球、情報化された地球など、美しい映像とともに地球の諸相を見せる展示が印象的であった。

上海世界博覧会の会場にあって、全体の象徴となったのが中国館である。巨大な赤い直方体を積み上げて構築したような国家館を中心に、これを支える基壇のように「中国省区市連合館」が配置された。またすぐ近傍に、香港館、マカオ館、台湾館が並ぶ。建物群の構成から、中国の国家観を理解することができた。

会場内で、最も高層かつ大規模な展示館が、中国の国家館であった。「都市発展における中華の知恵」をテーマに掲げた。人間、都市および地球の共存と共栄を実現するために「和諧」、すなわち中国語における「調和」という伝統的理念が、いかに中国の人たちを導いてきたかを示すことを目的に、理解・交流・だんらん・協力などの言葉に収斂《しゅうれん》される博覧会の理念に沿った展示が展開された。メインショーでは、四川地震後に復興に尽力する人々の姿を紹介する感動的なドラマがマルチスクリーンに投影された。

上海世界博覧会のシンボルとなった中国国家館の館内には、未来の都市生活を体験できる展示が、様々に展開された。

中でも話題となったのが、「デジタル清明上河図」である。かつての城市の繁栄を細密に描いた著名な絵画「清明上河図」を原本として、最新の技術でデジタルサイネージとして拡大、なおかつ画中に描かれた市井の人々のなりわいや、往来する船の様子などを動画で表現した。加えて時間の経過に伴って、元の絵画にはない夜景などにも変化した。古典的かつ文化的な美術作品を、現代のテクノロジーによって、新たな価値を付加しつつ、見事に再表現するという発想が優れて面白い。

国家館に隣接して基壇のような形状をしているのが巨大な「中国省区市連合館」である。館内には各省のほか、自治区や特別市が出展、中国を構成する諸民族の風貌と各地で進められている都市建設の成果を展示するものとされた。ユニークであったのが、すべての省区市が展示空間の外装を、LEDやデジタルサイネージを用いた壁面や装飾で覆うことをルールとされていた点だ。

「デジタル清明上河図」
(写真:橋爪紳也コレクション)

火鍋に例えられる猛暑で知られる重慶市は燃えるような色彩、真冬の寒さで有名な黒竜江省は氷を連想させる意匠、浙江省は竹林のような外壁を見せるといった具合である。LEDで様々な色彩に発光する壁面が連続する展示空間は、二〇一〇年段階にあって、近未来の商業空間を想起させる斬新なディスプレーであった。

上海世界博覧会では、そのほかにもLEDによる新たな表現の試みがあった。例えばドイツ館では、巨大な球面のディスプレー装置を天井から吊り下げて、様々な文様に光らせつつ急速に回転させるシアターが話題となった。またフランスのローヌ・アルプ地方館は「照明実践例館」を出展した。人工蛍が会場内を飛び交う中、「都市の省エネ照明システム」の経験を生かした都市照明が紹介された。

建物のライティングにあっても、斬新な試みが各所で目についた。例えば網の目のように多色で光り輝く世博軸の「陽光谷」の夜景も、これまでにない表現であった。照明技術の進化と応用が、従来の博覧会とは異なる独特の夜間景観を生み出していた。

各国がユニークな展示を競い合う

上海世界博覧会の会場では、各国がユニークな展示を競い合った。サウジアラビア館は、ドームを上下反転させた内部空間にあって、曲面の床に向けてアイマックスの投影を行う。カーブした動く歩道から、眼下に砂漠などの迫力ある映像が展開された。一〇時間の待ち時間という日もある人気館であった。

外観のユニークさが話題になったのが英国館である。「種の聖殿」と呼ばれるパビリオンには、六万個の種子が入った透明なアクリル棒が内部と外部をつなぐように設置された。英王立植物園と昆明植物研究所の共同プロジェクト「千年種子バンク」の成果である。昼間には、アクリル棒が光ファイバーのように外光を内部に伝導し、多数の種子が生み出す複雑な模様を浮かび上がらせた。

日本館は、過去、現在、未来という三つの展示エリアから構成された。遣唐使、鑑真和尚などによる日中交流の物語が前段になる。その後、協賛企業が上海世界博覧会に向けて開発した技術や映像を利用した展示が展開される。人が踏む圧力で電気を発生させる「発電する床」、窓ガラスに極薄の透明な太陽電池を張り付けた「発電窓」、ゼロエミッション自動車、汚水浄化施設などの環境技術のほか、介護ロボットなどを展覧することができた。

プレショーは、壁面のスクリーンを利用、未来における家族の暮らしを投影した映像作品とMCが登場するショーを融合、各社の技術を織り込んで紹介するものだ。トヨタ自動車が開発した二足歩行の「パートナーロボット」が登場、巧みに指を動かして、実際にバイオリンで名曲「ジャスミンの花」を奏でる場面では拍手が起きた。その中でキヤノンの顔認証システムを取り込んだカメラも、当時としては最新の商品であった。メインショーでは、中国の昆劇と日本の能とをコラボレーションさせたミュージカル「トキを救う」を上演、トキの保存に関する両国の協力と友好をたたえる。ここでもトヨタの一人乗りのライドが役者を乗せて舞台を往来した。

蓄電式電気自動車を本格運用

「より良い都市、より良い生活」をテーマに掲げた上海世界博覧会は、環境に配慮した未来都市のモデルを示すことが企図された博覧会でもある。例えば中国国家館とテーマ館の屋上には、アジア最大規模の建築一体型グリッド接続ソーラー発電システムが装備された。年間発電量は二八四万キロワットに上る。

また会場内の移動システムとして、蓄電式の電気自動車が本格的に運用された。浦東エリアに二路線、浦西エリアに一路線、川底トンネルを経由して東西を結ぶ路線もあった。国際博覧会の開催前から、市街地にある観光地などで実証実験を実施、その成果をもとに、博覧会の会場には二〇〇台が投入された。停留所に到着すると、乗降中にパンタグラフを伸ばして剛体架線から集電、短時間での充電を繰り返しながら運行するシステムが採用された。

そのほかにも圧縮空気によるごみ収集システムや、使用される照明全体の八割をLEDで賄うといった試行がなされた。こうした取り組みの成果を合算すると、会場内の二酸化炭素（CO_2）排出量の六～七割が相殺されることになったという。

開催国の中国ばかりでなく、各国・各都市の出展でも先進的な環境技術が紹介された。例えばベディントンのゼロエネルギー住宅団地を再現したロンドン市の出展では、太陽光と風・地熱のエネルギーを連動、二二個の換気ボートが風向きによって可変する仕組みなどを見せた。上海市も、ゼロエミッション住宅のモデルを出展した。

また環境配慮以外の面に目を向けると、上海世界博覧会では、博覧会に関する様々な情報をウェブ上のデータとし、オンライン化することで、実際に来場しなくても、海外などからバーチャルに博覧会場へアクセスできるように試みられた。パビリオンの空間配置と主な展示物をデジタル化、文字、写真、映像、音声などを通して、各館の展示内容を知ることを可能とした。

乗降中に短時間で充電できる蓄電池式
（写真：橋爪紳也コレクション）

今日の視点から見るとひと昔の技術水準ではあるが、リアルな博覧会場にバーチャルな博覧会を重ねようとする発想は先進的であった。

電力供給からみた上海世博

中国が国威をかけて展開し、史上最大規模で展開された上海世界博覧会は、電力供給の面からみるとどのようなものだったのだろうか。国の発展期に開催される万博は、一八〇〇年代末の米国各都市、復興途上にあった一九五八年のブリュッセル博、さらには一九七〇年の大阪万博にしても、その国のインフラ、特に電力供給の基礎作りに大きく貢献する場合が多い。そもそも現在、世界全体で使われている三相交流による同期発電機とネットワークを使った電力供給も、一八九三年のシカゴ博で初登場したものであったし、大阪万博は原子力の登場はじめ、日本の電力インフラが確立する大きな契機になった。

上海世博のあった二〇一〇年頃の中国も、まだ経済発展に電力インフラが十分追い付いていない状況という点で、一九六〇年代の日本とよく似ている。中国の工業生産は二〇〇〇年からの一〇年間で三倍以上となり、発電設備容量も三倍近くに増加した。しかしながら経済発展の著しい沿海部では常に需給は逼迫しており、二〇〇四年には三五〇〇万キロワットのピーク電力不足が発生した他、地域によっては慢性的に電力供給制限（計画的停電）が行われる事態となっていた。

海外電力調査会の「海外電力」によれば、原因は不足地域の発電投資インセンティブの欠如にあったようだ。二〇〇〇年代中盤以降、中国では発電設備の八〇パーセント近くを占める主力電源である石炭の燃料価格が高騰していたにもかかわらず、当局の判断で卸電力価格が値上げされなかったため、ほとんどの火力発電企業が赤字経営を強いられた。二〇〇八年—一〇年の五大発電企業の赤字は日本円で七八〇〇億円という巨額に上っている。さらに事情を探ると、公定価格で買える石炭は燃焼性の悪い石炭となるため、発電機のトラブルや計画外停止の頻発の原因ともなっていた。こうした頼りない経営は、一九八五年の発電分野の自由化で四〇〇〇もの中小規模企業が参入し、一企業一発電所という経営と、五大発電会社の混在という不安定な状況にも起因している。しかも発電機の多くは旧ソ連製や中国製で、この時点ではやや信頼性に劣るものであった。

上海世博の開催時点で、中国経済はまだ当局主導の計画経済・政策調整から市場メカニズムの活用の転換途上にあった。そしてそこでの一種のきしみが、電力にも影響を与えていたのである。

世博当時の中国の電力インフラ（供給基盤）で、発電能力以上に重要なのが送電ネットワークである。日本の場合、もともと国土が狭く需要の密度が高い国なので、戦後の成長期に地域別電力会社が大型発電投資と連動した大規模基幹送電投資を行い、一九八〇年代前後からは多重化を含む充実したネットワークを作ることができた。国土形状のためにいわゆる串型であり、地域間の融通可能量が少ないといった特徴もあるが、世界で最も恵まれた送電インフラを持つ国といってもよい。

それに対して中国は、もともと国土が広大であり、大きな電力需要がある沿海部と資源が豊かな内陸部が遠く離れていることに加え、第二次大戦後の日本の発展期とは異なり、長い間投資資金を十分確保できる状況になかった。送電ネットワークに十分な裕度がなければ、たとえ国土全体の需要と供給が見合っていても、地域によっては当然慢性的な電力不足になる。

もちろん上海世博前後、送電線投資も熱心に行われた。二〇〇〇年代を通じて約四倍に拡大したが、発電投資の二倍強よりもはるかに大きい。二〇〇六年から送電投資の伸びが発電投資の伸びを上回り、二〇〇九年には電力投資の過半が送電投資となった。これは上海世博に備えるというよりも、この時期から水力・石炭電源地域の内陸から沿海部へ電気を送るための五〇万ボルト送電線の工事が始まったことによる。それでも送電ネットワーク容量の不足は、中国全体のさらなる経済成長や再生可能エネルギーの増加といった変化もあって、今日まで続く最も深刻な課題となっている。

中国で次々と建設される50万ボルト級送電線

話を二〇一〇年に戻すと、世博期間中も電力需給は厳しい状況にあった。電力系統の性格上、需給逼迫を事前に予測し、一部地域に供給制限（多くは大口ユーザーの輪番停電）をかければ会場への送電自体が困難になることはない。しかしながら、二〇一〇年の夏は高温であり、かつ汚染物質の排出規制によって一部の石炭発電所が運転できなくなったこともあり、同じ華東地区の浙江省や江蘇省は輪番停電を行っているし、中国全体では翌一一年にも四〇〇〇万キロワットという大きなピーク電力の不足があり、以降も夏の電力需給は綱渡りであった。

上海世博が開催された二〇一〇年前後は、中国の電力産業にとって大きな転換点となった。国際博の開催国になることの大きな特徴は、国際社会との協調や協力に関する知識や意識が政府・国民両方に定着するということである。上海世博の場合、展示で語られた持続可能な社会、自然と調和した都市を、電力技術で実現する再生可能エネルギーや省エネルギー、車両の電動化（EV化）等による低炭素化がそれに当たる。

中国はもともと世界有数の水力大国であり、電気のほとんどは石炭と水力で賄われていた。これに加え、二〇一〇年時点で総発電電力量の一パーセントにすぎなかった水力以外の再生可能エネルギーは、二〇一七年に風力四・七パーセント（三〇三四億キロワット時）、太陽光一・八パーセント（一一六六億キロワット時）、バイオマス一・二パーセント（七九四億キロワット時）と爆発的な増加を見せている。もちろん政府当局の様々な支援と誘導によるものだが、同時期に似たようなＦＩＴ（再生可能エネルギー固定価格買取制度）政策を取った日本と大きく異なっているのは、太陽光パネルや風力発電機器、あるいは需要側の電気自動車を生産する中国企業も大きな成長を遂げ、世界のリーダーになったということである。現在、世界の太陽光パネル生産の過半は中国と台湾によるものであり、太陽光に比べて技術レベルが高い風力でも世界トップ一〇の三社を中国勢が占めている。電気自動車でも世界総生産約一億台の三割近くを占め、二位の米国、三位の日本を大きく引き離すトップである。要は低炭素化を引っ張る製品の多くで中国は主力生産者を引き受けていることになる。

上海世博との関係でいえば、これまで一九五〇年代の米国製造業、一九六〇年代の日本の家電等で見られた「内需の成長が大きい産業が世界を席巻する」という過去の世界で何度も見られた現象が起きた、ということであり、中国政府が不公正であるとか異常な低コスト生産であるとかいう指摘はあまり正鵠《せいこく》を射ていない。同じことは、かつての日本の家電産業や半導体産業でも米国から指摘されてきた。この再生可能エネや電気自動車の内需の急拡大も、万博の残したレガシーであることは疑いがない。中国が上海世博で示した未来像、すなわち持続可能な社会、自然と共生した都市を今後も実現していくかどうか、注目されるのである。

2 麗水国際博覧会（二〇一二年）

韓国の南西部を占める全羅南道には、総延長六一〇〇キロメートルに及ぶリアス式の入り組んだ海岸線があり、「多島海海上国立公園」に指定されている。二〇〇〇余りの島々が点在し、そのうち四分の三が無人島である。海産物の生産では、韓国内で最も盛んな地域である。

二〇一二年、この海岸線の一部を占める麗水市の港湾地区で、麗水国際博覧会が開催された。「生きている海と息づく沿岸－資源の多様性と持続可能な活動」をメインテーマ、「沿岸の開発と保全、新しい資源技術、創造的な海洋活動」をサブテーマに掲げた。会期は五月一二日から八月一二日までの九三日間、一〇四カ国と一〇の国際機関が参加した。韓国では一九九三年に開催された大田世界博覧会に続き、二度目となる博覧会国際事務局（BIE）認定の博覧会である。

地球の表面積の七〇パーセントを占めている海は、生命と人類文明を誕生させた「母」であると同時に、地球上の生物の九〇パーセントが生活する「生命の場所」である。しかし文明による開発と汚染によって、海は大きな痛みを抱えている。麗水市で企画された国際イベントは、これまで人間が忘れていた海の大切さと価値について話し合い、人間と海とが共存する方法を世界の人々が共に模索することを狙いとした海洋博覧会である。

会場の面積は約二五万平方メートル、港を利用して会場設計がなされている。ゲートを入ると、二体のマスコットの像が出迎えてくれた。麗水は韓国語で「ヨス」と読む。これに準じて、「ヨニ」と「スニ」と名付けられた。

会場内には、テーマ館、韓国館、サブテーマ館（気候環境館、海洋産業技術館、海洋文明館、海洋都市館、海洋生物館）、アクアリウムなどが開設された。また各国が展示する国際館、韓国の大企業による単独展示館も建設され、シルク・ド・ソレイユが演出をする美しいパレードが、来場者を楽しませた。

計画段階では、動員数は八〇〇万人と想定された。しかし開幕後は、入場者数は動員目標を大幅に下回った。麗水市は人口三〇万人ほど、ソウル特別市から三二〇キロメートル、釜山から一三〇キロメートルと離れている。需要予測は過大だったと指摘された。会期後半に割引券を多数発行、麗水市民全員に「協力してくれたお礼」という名目で一人二枚ずつの無料券を配布したこともあり、閉幕時にようやく目標を達成し、八二〇万三九五六人を数えた。

六五四万画素のLEDディスプレー

麗水国際博覧会は、海洋資源と海洋開発を主題とする博覧会ではあるが、展示の方法論にあって、韓国が世界に誇るデジタル技術が随所に生かされていた。

圧巻は、各国の展示館が入ったエリアの中央通路の天井に架構された「エキスポ・デジタル・ギャラリー」である。全長二一八メートル、幅三〇メートル、六〇インチテレビに換算すると六三二四台分にもなる超大型の六五四万画素のＬＥＤディスプレーである。液晶ディスプレーの市場を席巻している韓国企業の技術水準を世界に訴求する施設であった。

アーケード状の天井全体を覆う巨大モニターには、様々な映像が投影された。例えば日中韓の子どもたちが海をテーマに描いた絵を基にした作品や、二〇一五年に予定されていたミラノ万博の告知映像、世界各地の海や都市の風景なども上映された。

「エキスポ・デジタル・ギャラリー」で展開されたプログラムの中で人気を集めたのが、観客参加型のインタラクティブな映像展示である「夢のクジラ」である。

主催者が配布した「博覧会統合アプリケーション」をダウンロードして、入場者が撮影した顔写真を登録すると、アーケード下部の大画面を優雅に泳ぐ鯨の映像の胴体部分に、モザイク状に皆の顔を貼り付けてくれるのだ。案内係が代わりに写真を撮って登録してくれるサービスもある。
大海に見立てられた天井を、巨大な地球最大の哺乳動物を構成する一部となって、多くの入館者の顔が泳いだ。アーケードの下で歩を止め、見上げつつ、そこに自分の顔を見つけると誰もが、さらに笑顔になった。

入場者の顔写真が胴体に映し出される夢のクジラ
（写真：橋爪紳也コレクション）

麗水国際博覧会のランドスケープにおいて、「The Big-O」や「エキスポ・デジタル・ギャラリー」とともに特徴的な存在であったのが、「スカイタワー」であった。使われなくなったセメント貯蔵庫を再活用して、高さ六七メートルの展望台に改築したものだ。外装を兼ねて、波の紋様をもとにハープのようにデザインした巨大なパイプオルガンが設置された。パイプオルガンは毎日、博覧会の開幕・閉幕時間を知らせ、また参加国の国歌なども演奏した。「世界で一番大きな音を出すパイプオルガン」としてギネスブックに登録された。

日本館では大震災時の支援に感謝も

麗水国際博覧会の主要なパビリオンを紹介しておきたい。

韓国館は「韓国人の海への思いと海洋産業力」をテーマとし、「奇跡の海から希望の海へ」というメッセージを伝えるものだ。展示館の建築は、韓国の国旗でもある「太極」の図像をもとに立体的にデザインされた。

プレショーでは、映像とパフォーマンスによって、韓国の人々が太古から現在まで、いかに海と向き合ってきたのかを表現した。メインショーでは、世界最大規模の高さ一五メートル、直径三〇メートルの全周スクリーンに、麗水近郊に広がる多島海、丸い小石が敷き詰められて形成されたモンドル海岸などの美観を投影した。

会場の一角に、韓国企業のパビリオンが集まるエリアがあった。サムスン、LG、ロッテ、現代など、日本人にもよく知られた七つの企業館が並ぶ。

「LG企業館」では、目で見た色をそのまま採取して化粧ができる「メディアペン」、フクロウの目に着眼した暗闇を明るくする「メガネ型照明装備」など、二〇五〇年を想定した未来の製品を体験できた。

「現代自動車館」は、内部に設けた巨大なスクリーンをガラス張りの外部にも見せる外観が特徴的であった。メインショーでは、白い壁を三五〇〇個の小さなブロックに割り、それぞれが小型モーターでダイナミックに前後に駆動して、立体的な文字や図像を見せる演出が圧巻であった。

大宇造船が出展した「海洋ロボット展示館」は、最新のロボットを七〇体以上も集めて人気を集めた。エントランスにある女性型アンドロイドのEveR-4や、表情の豊かなロボットのダンス、サッカー・ワールドカップ「ロボカップ」で優勝したロボットたちによるサッカーの試合なども行われた。

メインショーは、二〇四〇年の水中六〇〇〇メートルの深海を見せる。体長六・五メートルの「ナビ」をはじめ、資源探査や鉱物採掘を専門とするロボットたちが海底で活躍、資源の枯渇にあえぐ人類に新たな希望と可能性を提示する様子をCGで上演する。

また本物の魚のように動く知能型ロボット魚「フィロ」の展示もあった。「フィロ」は、フィッシュとロボットの合成語であり、内外八個のセンサーによって障害物を自ら避けながら水槽内を遊泳することができた。

麗水博には、主催国である韓国と一〇四カ国が参加した。各国は「国際館」に各々の展示を展開した。会場にあって最大規模の建物である「国際館」は、地上三階建て、延べ床面積は五万七五〇〇平方メートル、展示空間は三万二三〇六平方メートルの広さがある。

外観は霧の中に浮かぶように見える多島海の島々を形象化したものだ。島の稜線のような屋根部分には、水を落とすもの、および緑化を施した部分もある。各館では大西洋、太平洋、インド洋の三つの大洋別にそれぞれの国家展示が配分された。

太平洋のエリアに日本館がある。外壁に設置されたスクリーンには、東日本大震災の被災住民が世界各国の支援に感謝する気持ちを託したメッセージが上映された。

日本館は三つのゾーンに分けられていた。「ゾーン1」では、森や里と海がつながりを持つことで、美しく豊かな海が育まれている様子を紹介するとともに、東日本大震災で津波が襲う映像も投影される。

日本館では、東日本大震災への支援に対する感謝の気持ちを表現（写真：橋爪紳也コレクション）

「ゾーン2」は、舞台と映像とを組み合わせたシアターである。主人公は、大津波によって家族や家を失ったひとりの少年「海（カイ）」である。彼が乗る「白い自転車」が、空に飛び立ち、被災地だけではなく森や海を駆け巡り、復興と再生に向けて立ち上がる人々の生命力に触れる。瓦礫風の舞台セットと絵本型スクリーン、アニメを交えた抒情的な演出が印象的であった。被災地の人々が失意を乗り越えて、たくましく再起する姿を、一人の少年の経験として見せるものだ。絵本の中のファンタジーという想定だが、エピソードには震災時の実話が挿入された。

「ゾーン3」では、豊かな海づくりに向けた日本の取り組みが紹介された。地球表面温度の変化などを見せる「地球スクリーン」のほか、水深六五〇〇メートルまで潜ることができる有人潜水調査船「しんかい六五〇〇」、太陽光や風力、またLNG（液化天然ガス）を改質して使う燃料電池といった新エネルギーを利用した未来の環境配慮型輸送船などの展示があった。

大地震と津波の脅威と復興・再生に向けた姿勢を示すとともに、国際社会から寄せられた日本への支援に対する謝意を表明する構成であった。

3 ミラノ国際博覧会（二〇一五年）

国際博覧会条約に基づく登録博として二〇一〇年の上海世界博に続いて二〇一五年五～一〇月にイタリア北部のミラノで行われたのが「地球に食料を、生命にエネルギーを（Feeding the Planet・Energy for Life）」をテーマとしたミラノ国際博覧会である。初めて食をテーマとしたこの博覧会は、イタリアにとっては自国の誇る食文化をPRする絶好の場となったが、実はこの万博で大いに存在感を示したのが日本館であった。

ミラノ博での日本館は、出展国中最大級の規模となる四一七〇平方メートルで、展示スペース、イベント広場、レストランから構成された。日本のテクノロジーを生かしたインタラクティブな展示と食文化の魅力で会場有数の人気パビリオンとなり、パビリオンプライズの展示デザイン部門では日本館史上初の金賞を受賞した。

最新のデジタルコンテンツ制作で有名なチームラボが担当したその展示スペースを見てみると、シーンⅠ「ハーモニー」は、日本の農林水産業と自然との共生のシンボルであるコウノトリに誘われて、日本各地を巡る四季折々の旅に出る、という演出になっていた。左右の壁に設置されたハーフミラーの無限反射による幻想的な空間と、最新のプロジェクションマッピング技術により、来場者はまるで四季折々の風景の中に自分が立っている感覚を持つ。

続いてシーンⅡ「ダイバーシティ」では、日本や世界の食に関わる多彩なコンテンツが流

食、多様性に焦点を当てたミラノ博

プロジェクションマッピングにより日本の四季を体感
（写真：橋爪紳也コレクション）

れ落ちる「ダイバーシティの滝」を設置した。来場者はスマートフォンに日本館のアプリをダウンロードし、そのスマートフォンを滝の装置に挿し込むと、滝の情報がダウンロードされ、会場内でも自宅に帰ってからも自分の好みのコンテンツを楽しめた。展示は和食の知恵や技を紹介する「レガシー」へと続く。

続いてシーンⅢは「触れる地球」というインタラクティブ機材とインターネットを活用した展示で、来場者が触ることであらゆる食に関わる情報と、日本としての解決策を提示するものであった。ミラノ博は全体として携帯端末を使ったパーソナル対応の万博だったとされているが、その中でも成功例の一つが日本館だといえる。

日本館で最大の呼び物となった展示スペースのクライマックス「ライブ・パフォーマンス・シアター」は、「未来のレストラン」というコンセプトの下、来場者がレストランのテーブルに着き、箸を使って好みの季節や食材を選択し、それに合ったメニューが写し出される、という演出がされた。その人気ぶりは次のように記録されている。

「モニター上で美しい京懐石を箸で召し上がっていただくというバーチャルなレストランに、会場からはため息がもれます。そしてここでは来場者がお箸の使い方を学んだり、『いただきます』『ごちそうさま』という日本の食事に欠かせないあいさつを楽しんでいただきました」（久保牧衣子・農水省食文化専門官・日本館副館長＝当時）

また、日本館はイベント広場とレストランを併設していた。自治体がPRした食文化や食材については、「日本館内ですべて消費する」などの条件付きの万博特例措置もあり、本来、欧州連合（EU）に輸出できないフグ（山口県）をはじめ、しろえびやホタルイカ（富山県）、しめさば、タコ、タラなど数多くが持ち込まれ、大変好評で現地のマスコミでもよく取り上げられていた。さらにレストランでは「人形町今半」「柿安」といった日本を代表する名店から、モスバーガー、京樽、CoCo壱番屋といった日本人ならだれでも知っている店までが出展し、会場内でも非常に高い人気となった。これらの店は、ぜひミラノに出店してほしいという要請を多く受けたという。

国際博によって、ミラノ地域での日本の食文化に対する理解は確実に深まった。本来イタリアは外国料理店の極めて少ない国だし、そもそも米国や他の欧州地域を含めて世界で「日本食レストラン」と名乗る店の相当部分は、中国人・韓国人などの経営やスタッフによるものが多数を占めるといわれている。

しかし二〇一〇年代以降のミラノでは、日本人による本格的な日本食レストラン、ラーメン店が増えているという。日本側が食材や文化の輸出に力を入れたこともあるが、ミラノの人々が本格的日本食に触れ、興味を持ったことも大きい。これもリピーターが多かったというミラノ博のレガシーといえる。

スマホとネットの普及を反映

ミラノ博は、スマートフォンとインターネットの十分な普及の下で行われた初めての万博であり、のちのいわゆるデジタル化やIoT化、さらには今後の消費者の姿を予見させる仕組みが数多く登場した。

一つは個人対応システムの具体化であり、メキシコ館では入り口で腕にバーコードの付いたワッペンが貼られ、各所に置かれた読み取り装置にかざすことで顔の撮影や好みの入力を行って後でメールによって訪問の記録が送られるようになっていた。日本館のスマートフォン利用は自分の好みの料理情報をダウンロードするものだし、ドイツ館のAR（拡張現実）システムは入り口で配られたボール紙を興味のある展示の場所に置くと説明がそのボール紙の上に出される、というものだった。これらは二〇一九年現在でほぼ実社会で使われているシステムであり、その点でまさにさきがけ的な展示である。

また映像的にも円周映像を使ったアラブ首長国連邦（UAE）館や両面ミラーを使って無限空間を演出したイタリア館、上から眺める半ドーム式のタイ館、三九〇個の陶器の皿を並べ、幻想的な映像を実現したスペイン館など、新しい工夫が多く見られていた。

もう一つ、今日現実になりつつあるのがコープ館で展示された「Future Food District」（未来のスーパーマーケット）である。これは米マサチューセッツ工科大学（MIT）のセンサブル・シティ・ラボのディレクター、カルロ・ラッティの協力によって開発された、センサリングとデータシステムによる情報提供システムを持つスーパーマーケットである。商品を指さすと品種、生い立ち、旬の時期、カロリーや栄養成分が表示され、加工品についてのアレルギー対策なども分かる。

実際にこのスーパーマーケットはミラノ市内の再開発地区ビコッカで営業を始めており、この地区の比較的若い新しい住民で、健康志向が強いユーザーから好評だという。

ミラノ博を全体として評価するならば、「食」をテーマとした博覧会である一方で、従来の大規模シアター型映像が多様な進化を見せるとともにスマートフォン、インターネット時代を反映した、史上初のパーソナル対応の登場という、イノベーション著しい万博だったとも評価できる。この流れは一〇年のちの大阪・関西万博にも引き継がれることとなろう。

4 アスタナ国際博覧会（二〇一七年）

アスタナ国際博覧会は、二〇一七年六月一〇日から九月一〇日までを会期として、カザフスタンの首都アスタナ（現在のヌルスルタン）で開催された認定博覧会である。中央アジアでは初となる国際博覧会で、一一五カ国、二二の国際機関が参加した。

アスタナ博は21世紀型博覧会の象徴的事例

「未来のエネルギー（Future Energy）」をテーマに掲げ、国際博覧会としては、初めて地球規模でのエネルギー問題に焦点を当てたものとして注目される。確実かつ持続可能なエネルギー政策や技術開発の必要性を、産業界、企業、個人の各レベルで共通の認識を持ってもらうべく、将来世代に平和と繁栄をもたらすエネルギーの新

エネルギーをテーマに開催されたアスタナ国際博覧会
（写真：橋爪紳也コレクション）

モデルの提案を行う機会として位置付けられた。

サブテーマとして、CO_2（二酸化炭素）排出削減、省エネルギーの活用、すべての人類のためのエネルギーの三項目を掲げた。このなかで特に二つ目と三つ目の主題は重要である。欧州では脱炭素化に向けた取り組みが盛んであり、とりわけ発電部門の再生可能エネルギーへのシフトが進展している。しかし実際には、持続可能なエネルギー政策の成否を握るのは間違いなく、人口の急増を受けて、経済成長の途上にある国々である。各国が、建築や都市計画、運輸・交通インフラ整備、産業基盤整備などを、より効率よく、低炭素化を達成するかたちで進めることで、地球全体での脱炭素社会構築が初めて可能となる。

新首都であるアスタナは、砂漠のなかに建設された政治首都である。日本の建築家である黒川紀章が都市計画を行ったことで知られている。鉄路の北側は産業地区、鉄道とイシム川に挟まれた地域に、高層のオフィスビルや住宅群、公園からなる中心市街地が建設されつつある。市街地のシンボルとなる展望タワーは、カザフスタン語で「高いポプラの木」の意味を持つ「バイテレク」と呼ばれる。幸福を呼ぶ魔法の鳥と生命の樹に関する民話を具象化したデザインである。

博覧会場は新市街地の南側、空港とのあいだに建設された。総面積二五ヘクタール、博覧会後はＭＩＣＥ施設として利用することを想定して計画がなされた。中心には、ガラスの壁面で覆う真球体の巨大構築物である「カザフスタン館」がそびえ、その周囲に同心円状に各国の展示館が配置された。

各国は、それぞれ自国の既存発電技術、新進の再生可能エネルギーである風力、潮力による発電、太陽光や廃棄物を利用したエネルギーの利活用、さらには省エネルギー機器・システム、さらに次世代技術を工夫して展示した。会場は、脱地球社会構築のショールームの様相を呈した。

ガラスで覆われたカザフスタン館
（写真：橋爪紳也コレクション）

日本館は、展示とシアターから構成されていた。まず導入部にあって、「日本の経験」と題して少資源国ならではのエネルギー課題・環境問題への直面の歴史と対応した生み出した発電技術・省エネ技術、省エネライフスタイルを、様々な展示を組み合わせて紹介した。次に二〇〇人収容の大型スクリーンを使ったシアターに入る。ここでは舞台と映像を組み合わせて、日本人の知恵の応用「スマート・ミックス・ウィズ・テクノロジー」と題して水素燃料電池車、水素エネルギー、ジェット機をも動かす藻類バイオエンジンなどが紹介された。さらに次の展示では、HEMS（ホームエネルギーマネジメントシステム）を中心とした家庭用次世代エネルギー技術を来場者が楽しく学ぶ演出が行われた。

各国が同様の展示を行うなか、国際博覧会の歴史を紹介する上海市に開設された世博博物館の出展、北極海に浮かぶ実物の氷山の断片を展示して北極航路の可能性を示したロシア館などの展示が印象深い。

カザフスタンはソ連の崩壊を経て1991年に独立ののち、資源輸出国として発展をみる。1997年には、首都機能をアルマトイから計画都市であるアスタナに遷している。遷都した新都市に会場を定めたアスタナ国際博覧会は、遷都によって建設された新都市を世界に示す契機であり、様々な国・地域と交流を深めながら資源輸出国としていっそうの発展をはかることを世界に示す契機となった。

第6章
二〇二五年大阪・関西万博の構想

1　国際博覧会の日本誘致が決定

二〇二五年国際博覧会の日本誘致が決まった。

同年の国際博覧会に関して、他国に先んじて立候補を表明したのはフランスであった。パリ近郊を会場に、巨大な球体の建築を中心に置き、各国とフランスがつながるイメージを発表した。日本も含めて、開催を検討していた各国は、このフランス案をベンチマークとした。BIE（博覧会国際事務局）の規定では、同じ年次に希望する国は、いずれかの国が立候補してから半年以内に申請をしなければいけないと定められている。

しかしパリ市が二〇二四年のオリンピック招致に成功したこともあり、フランス政府による博覧会誘致は断念されることになった。結局、投票まで残っていた候補は、大阪を会場とする日本、ウラル地方の主要都市であるエカテリンブルクでの開催をうたったロシア、首都であるバクーに候補地を確保したアゼルバイジャンの三カ国となった。

今後、国際博覧会は、二〇二〇年にアラブ首長国連邦のドバイ、二〇二三年にはアルゼンチンの首都ブエノスアイレスでの開催が決まっている。前者は中東・アフリカで初、後者は南米では初めての開催となる。まだ国際博覧会を実施した経験のないロシアやアゼルバイジャンに対して、二度目の開催となる大阪が対抗する図式となった。

二〇一八年一一月二三日午後（現地時間）、パリで開催されたＢＩＥ総会において加盟国による投票が行われた。第一回投票で、日本が八五票と過半数を獲得、四八票のロシア、二三票のアゼルバイジャンに差をつけた。上位二カ国による決選投票では、日本が九二票にまで票を伸ばし、ロシアは六一票にとどまった。

これによって二〇二五年国際博覧会の日本誘致に成功、具体的な計画立案に着手することが可能になった。

一九七〇年に大阪の千里丘陵で開催された国際博は、「一九七〇年日本万国博覧会」を正式名称、「大阪万博」を通り名とした。対して次の博覧会は、公式には「二〇

2018年に万博誘致が決まり、国家事業として取り組むことに

誘致の段階から、若い世代がSDGs実現への検討も行っていた

二五年日本国際博覧会」と呼び、「大阪・関西万博」という愛称を用いることになった。大阪だけではなく、関西を挙げて取り組むべき国家事業という意味合いが託されたかたちだ。

日本誘致に成功した理由を、一言で説明することは難しい。一つには国と地方行政、経済界が一致して展開した運動が功を奏したことが指摘される。

しかし選ばれた理由はそれだけではない。一人一人が生命を充足する未来社会を実現したいとするテーマ設定、多様性を可視化する会場計画、社会実験を多彩に展開しようとするコンセプトも魅力的であっただろう。

また国連が定めたＳＤＧｓ（エスディージーズ）、すなわち持続可能な開発に向けた国際的な目標の達成に貢献することも、強く訴え掛けた。ただこの点に関しては、日本の提案の意義を察知した他の立候補国も、同様の主張を盛り込んだ結果、当初に想定された優位性は薄れたという指摘がある。

ただ日本の構想では、日本の企業や各団体が各国との共創（Co-Creation）を果たしつつ、

SDGsの達成に貢献するという姿勢が強調された。BIEで行われたプレゼンテーションでも、アフリカや南米の国々の課題解決に向けて、日本の企業が尽力してきた経緯が報告された。国際貢献に向けて、意欲的に尽力をするという姿勢が、諸外国から評価されたことも間違いない。

さらに言えば、これまで何度も国際博覧会を開催してきた日本の実績に対する信頼もあったように思われる。日本は一九七〇年にアジア初の日本万国博覧会、いわゆる大阪万博を成功させた。その後、沖縄国際海洋博覧会（一九七五年）、筑波の国際科学技術博覧会（一九八五年）、鶴見緑地での国際花と緑の博覧会（一九九〇年）と三度の特別博覧会を開催してきた。さらに二〇〇五年には登録博（国際特別博）の枠組みで、「日本国際博覧会（愛・地球博）」を実施している。対してライバルの各国は、これまで国際博覧会を開催した経験がない。

また、大阪および関西が開催地としてふさわしい都市であると訴求した点も、誘致活動の上で効果的であったように思われる。誘致活動で使用された映像などでは、京都や奈良などの歴史都市がある関西の地域特性、文化の豊かさ、若者や女性さらには外国人にも、十分に活動の機会を提供するダイバーシティーに富んだ圏域であることが強調された。

2 BIEへ提出した申請文書作成までの動き

大阪における国際博覧会の構想は、政府に提案する大阪府案を取りまとめる作業が先行した。ミラノ万博が開幕する二〇一五年の春、大阪府は検討を始めるべく、「都市と電化研究会」の代表である橋爪紳也が座長役を務めるかたちで、専門家による懇話の場を設けた。

大阪が、一九七〇年大阪万博、一九九〇年鶴見花博に続く万博を誘致した背景には、国際博覧会の目的と意義が、二一世紀にあって、従前から改められていることが意識された。

一九九四年六月、第一一五回BIEの総会における決議によって、「人類の知識の向上および相互理解ならびに国際協力への貢献」を国際博覧会の本質的な目的と再定義、加えて「諸民族、諸国家の文化的なアイデンティティーに対する理解を深めること、既に達成された進歩および未来への展望を一般大衆へ周知すること」が目標として定められた。またすべての博覧会は「現代社会の要請に応えられる今日的なテーマ」が必要とされた。

実際、二〇〇五年の「愛・地球博」を端緒として、二一世紀になって各国で実施された国際博覧会は、環境、河川、都市、海洋、食料、エネルギーなど各国が直面している課題の解決を主題に掲げてきた。一九九四年の決議を受けて、新しい博覧会の具体化に向けた試みが続いている。

大阪府が「『二〇二五日本万国博覧会』基本構想」、いわゆる「大阪府案」を取りまとめたのは、二〇一六年一一月のことだ。この案では「人類の健康・長寿への挑戦」というテーマを掲げた。

しかしこの段階にあって、二〇世紀型の大量動員型の巨大イベントは不要であると否定的な意見を寄せる有識者や経済人が多くあった。マスコミや反対論者は、万博を開催する経済効果、さらには日本にどのような利点があるのかと紋切り型の問題提起を繰り返した。

しかし先に述べたように、今日の国際博覧会は、世界が共有している課題解決に資するという高い志をもって取り組むべき国際的なプロジェクトである。また二一世紀型の新しい国際博覧会の在り方が検討されている状況に鑑み、大阪がその任を担うことは、真の「国際都市」として世界に訴求する契機であり、市民の誇りとすべきことであると思われた。

大阪府案の提示を受けて二〇一六年一二月、経済産業省は、経済界代表や各界の有識者、地方自治体の代表者等で構成される「二〇二五年国際博覧会検討会」（古賀信行座長）を設置した。検討会には橋爪も参画し、二〇二五年国際博覧会の開催国に立候補するかどうかを判断する上で必要な事項について議論を重ねた。

この検討会が二〇一七年四月七日、二〇二五年国際博覧会の基本的な方向性を示しつつ、「速やかに立候補することを期待する」という趣旨の報告書を取りまとめた。

報告書では、テーマを「いのち輝く未来社会のデザイン」、サブテーマを「多様で心身ともに健康な生き方」「持続可能な社会・経済システム」とすることとした。

大阪府案で示された「人類の健康・長寿への挑戦」というテーマを尊重しつつ、変更がなされたものである。背景には、日本では平均寿命が一〇〇歳となる時代が到来すると喧伝されているが、世界に目を向けると、紛争、病気、水の衛生状態など、まだまだ長寿社会という概念にリアリティーのない国々もある。「健康」「長寿」ではなく、様々な「いのち」が充足し、輝くことを理想として掲げた。

一方でわが国では、官民挙げて「Society 5.0」の実現に向けた活動を推進している。ライフサイエンスや医療、IoT（モノのインターネット）やAI（人工知能）などに関わる先端技術は、世界が直面している課題の解決に有効である。そうした可能性を持った日本が、新たなアイデアを実践する「未来社会の実験場」となり、イノベーションを加速させることは有意義ではないか。「未来社会」のモデルを示したいという思いが博覧会のテーマに託されている。

またなぜ大阪や関西を会場とするのか。報告書では「未来社会を考える上で鍵となる要素（科学・技術力、利他精神、アニメ等の文化）がそろっている」「アクセス等の利便性や治安が世界最高レベル」「参加主体が自由に発想を発信しやすい場を提供」「自然災害を乗り越え、自然と共生した持続可能な社会を提示できる」という四点において、大阪が開催地にふさわしいと強調された。

報告書では、次のように万博の概要を示している。

基本理念としては、万博を「好奇心を刺激することで、一人一人がポテンシャルを発揮しながら真の豊かさを感じられる生き方、それを可能にする経済・社会の未来像を参加者全員で共創する場」とするものとした。

人類が直面する災害・食料不足・病気・暴力などの生存リスク、グローバル化や情報化に伴う競争激化・格差・対立、ＡＩやバイオテクノロジーなどの技術発展の事象が、人類に「幸福な生き方」とは何かを問い掛けているという認識が前提となる。

実施の方向性では、「皆で世界を動かす万博」という考えの下、事業を展開することとした。また世界中の人々の好奇心を刺激し魅了する「常識を超えた万博」を目指すものとした。あわせて「誰もが参画しやすい万博」を実現することをうたった。検討の過程では、来場者が疲れず、むしろ元気になる「待ち時間のない万博」を目指すべきだといった意見も交わされた。さらには万博を一時的なイベントにとどめず、成果を後世に残すことの意義も強調された。

会場は大阪湾の人工島である夢洲地区、開催期間は二〇二五年五月三日から一一月三日までの一八五日（その後、四月一三日開幕、一〇月一三日までに変更）、入場者は約二八〇〇万～三〇〇〇万人と想定した。会場建設費は約一二五〇億円、経済波及効果の試算では、建設費関連約四〇〇〇億円、運営費関連約四〇〇〇億円、消費支出関連約一兆一〇〇〇億円などが見込まれるものとした。

この報告をもとに、ＢＩＥに提出する「ビッド・ドシエ（立候補申請文書）」を取りまとめる作業が始まる。ＢＩＥが定めるルールでは、いずれかの国が申請してから、半年以内に手続きをしないと、同じ年次での開催の競争に参加することができない。この段階ではフランスが立候補することが見込まれており、準備の時間は限られていた。

二〇二五年に開催される国際博覧会に、日本が立候補することが閣議了解されたのは、二〇一七年の四月一一日のことだ。「立候補申請文書」を取りまとめ、同年九月二八日までにＢＩＥに提出することが求められた。

経済産業省において、申請文書作成の作業が始まった。橋爪は、この作業にあっても専門家として、主に会場計画にアドバイスする立場にあった。もちろん基本構想と会場計画は一体のものであり、相互に連携しながら作業を進展させたことは言うまでもない。

「立候補申請文書」では、先の報告書を受けて、国際博のテーマを「いのち輝く未来社会のデザイン（Designing Future Society for Our Lives）」とした。すべての「人」（human lives）に焦点を当てつつ、個々がポテンシャルを発揮できる生き方と、それを支える社会の在り方を議論するものとした。

コンセプトは「未来社会の実験場（People's Living Lab）」となった。博覧会場は、毎日、数十万人が集まる「仮設の都市」であり、期間を限って運用される「実験都市」である。

会場では、ハード、ソフトの双方で、汎用性を持っていない新技術や最先端のシステムが試行されることになる。その成果を生かして、さらに新たなアイデアが続々と生み出され、社会実装に向けて試行されることが期待される。そのためにも国内外の新たな人材を登用、イノベーションの創出に向けた工夫を凝らすことが重要になる。

わが国が官民挙げて推進している「Society 5.0」で、その可能性が議論されている未来社会のモデルを博覧会場において提示しようという考え方である。そこで重ねられるであろう実証実験を踏まえて、社会に実装していこうとする考えが背景にある。あわせて国連が掲げる二〇三〇年のSDGs（持続可能な開発目標）の達成に貢献することが強調された。方法としては、途上国を含めた多くの参加国と共に創る万博とすることが重要とされ、「共創（Co-Creation）」という概念が提示された。

さらに、博覧会の開催前にも、様々なプログラムを展開することが強調された。博覧会期間中は、世界中のすべての人が、ネットなどを媒介としてバーチャルな会場にアクセス可能な環境を用意することで、「次世代型の博覧会」のモデルを世界に提示することが可能となる。

それを具現化するためにも、開催前から世界中の課題やソリューションを共有することができるオンライン・プラットフォームを立ち上げることが想定された。仮想の博覧会上でアイデアを交換、未来社会を「共創」（Co-Creation）する機会を用意しようというわけだ。

また、「いのち輝く未来社会のデザイン」というテーマを分かりやすく伝えるべく、「フォーカスエリア」が設定された。すなわち「救う（Saving Lives）」「力を与える（Empowering Lives）」「つなぐ（Connecting Lives）」の三領域である。

「救う」の領域では、新生児の生命を守る試み、感染症の予防や治療、食生活や運動によるライフスタイルの改善、健康寿命の延長に資する試みなどが例示された。

「力を与える」の領域では、教育や労働の現場、コミュニティーへの参画を容易にする人工知能（AI）やロボットなどのテクノロジーの進歩によって、様々な人たちが健康で過ごせる社会が想定された。

「つなぐ」の領域では、異文化理解の促進や、様々なステークホルダーによるイノベーションの創出を具現化するものとした。

「いのち輝く未来社会のデザイン」というテーマから各国が想起する内容、関心の対象は様々である。「フォーカスエリア」という枠組みを示したことで、どの領域が自国にあって意義のあるものなのかと、考えを進めることができる。経済成長の途上にあり、環境の改善や医療の充実が重要な国々にとっては、何よりも「救う」という枠組みが重要となる。テーマに込めたメッセージを補完しつつ、具体的なイメージを共有する上で、「フォーカスエリア」という説明は有効であった。

さらに、「立候補申請文書」では、大阪のウオーターフロントに位置する人工島・夢洲内に一五五ヘクタールの用地を確保する会場計画を提示した。中心部にパビリオン群を配置、南側に水面を残して水上施設でアトラクションなどを展開する「ウオーターワールド」、西側にアウトドア施設を整備する緑地「グリーンワールド」とする構成案である。

夢洲は、大阪市の港湾計画においては北港の一部であり、一九七七年に埋め立ての免許を取得している。埋め立て工事がすべて完了すれば、総面積は三九〇ヘクタールに及ぶ。その一部を博覧の会場として利用することがうたわれた。

一九八八年に策定された「テクノポート大阪計画」にあって、夢洲は「新都心」とすることが定められている。夢洲という名称は、隣接する咲洲、舞洲とともに公募によって定められたものだ。幻に終わった「大阪オリンピック」の招致計画では、主会場となることが想定された舞洲に隣接する夢洲には、住宅群を建設して選手村として整備することが予定されていた。跡地は居住地として利用、そのためのアクセス鉄道として、大阪市営交通（現大阪メトロ）の中央線の延伸が検討された。

経済産業省が作成した会場全景のイメージ
（経済産業省）

一九九一年に夢洲の土地造成事業が開始される。先に埋め立てが完了した東側の区画では、二〇〇四年七月、「構造改革港湾」として大阪港を含む阪神港がスーパー中枢港湾に指定されたことを受けて、高規格コンテナターミナルの整備が進められた。

並行してアクセス道路の建設が始まった。二〇〇二年に舞洲と連絡する夢舞大橋が竣工、さらに二〇〇九年には咲洲とを結ぶ夢咲トンネルが開通した。また西側の区画は廃棄物の処分地となっている。埋め立てが完了した一部は、民間に貸与してメガソーラー施設が設置されている。

夢舞大橋は、世界初の「浮体式旋回可動橋」である。通常は橋梁の下を小型船舶しか航行することができないが、大阪港の主航路が使えなくなった緊急時には橋を旋回させて、大型船舶の航行を可能とする独自の構造となっている。

二〇一七年八月、大阪市は「夢洲まちづくり構想」を取りまとめる。ここで国際物流拠点に加えて、国際観光拠点という役割が託されることになる。構想では「SMART RESORT CITY 夢と創造に出会える未来都市」をコンセプトに、導入するべき機能として「ジャパン・エンターテインメント」「ビジネス・モデル・ショーケース」「アクティブ・ライフ・クリエーション」という三項が定められた。

このうち「ジャパン・エンターテインメント」という枠組みでは、大阪や関西、ひいては日本観光の要となる「独創性に富む国際的エンターテインメント拠点」を形成、関西各地の観光地との連携を図りつつ、大阪湾ベイエリア全体の魅力を高め、国際競争力を強化することが想定されている。

また「ビジネス・モデル・ショーケース」では、新しいビジネスにつながる技術やノウハウを世界第一級のMICE（ミーティング・インセンティブ・コンベンション・イベント）拠点を中心にショーケース化し、国内外に発信することがうたわれている。

さらに「アクティブ・ライフ・クリエーション」では、「生活の質」を高める技術の創出や質の高い空間・サービスを体感できる滞在環境を用意するものとした。都市的な利用と港湾機能をすみ分ける土地利用に変更することで、万博会場の用地を確保する上での前提条件が整理された形だ。

離散型の会場計画を作成

二〇二五年の国際博覧会の会場計画にも「いのち輝く未来社会のデザイン」というテーマが展開される。従来の万博で採用されたような、欧州やアフリカ、アジア、米州と、地域ごとに展示スペースをゾーニングする計画論を排除、あえて巨大な中心を持たない「離散型」のプランとした点が最大の特徴である。

パビリオンやパブリックスペースなど、必要とされる施設の面積をもとにプログラミングによって敷地形状を決定、多様な多角形が網の目のように配置される「ボロノイパターン」を用いた独特の会場計画が提案された。結果、人々の多様性から生じる調和を尊重し共創によって形成される未来社会の姿を、空間デザインとして表現する意欲的な造形となった。多くの核を持つ造形は合理的に処理されているにもかかわらず、自然発生的にも見える。植物の細胞のように美しいという評価もある。

フィジカルな博覧会と、サイバー空間での博覧会とを重層的に展開しながら、双方を融合させる新しい博覧会の姿を提案するために、会場計画では「広場」が必要であると考えられた。この考え方を具現化するために、「離散型」の会場全体のシンボル空間となるよう五カ所の大広場を設置するものとした。日本的な空間概念を意識しつつ、「空（くう）」と命名された。

大広場では、AR（拡張現実）、MR（複合現実）の各技術を活用しながら、様々なイベントが展開されることになるだろう。各広場は、大通りで連絡される。来場者が快適に過ごすことができるように、歩行者空間には水路や緑の並木を整え、広場と主要な街路のネットワークの全体に大屋根をかけることが想定された。

多様な多角形が網の目のように配置される会場のイメージ（経済産業省）

また夕景や夜景の美しさこそ、会場のランドスケープの上で重要であると、橋爪は当初より主張してきた。

偶然だが、会場となる夢洲は、四天王寺西門から真西の軸線上にある。古来、四天王寺の西門にある石鳥居は、極楽の東門に当たると信じられていた。現在も春と秋の彼岸の中日には、石鳥居の彼方に沈む夕陽を拝して、浄土を観想する行事「日想観」が行われている。

同じ夕陽を、万博会場でも見ることができる。宗教的な意味はさておき、大阪湾や六甲に落ちる夕日は、古くから大阪で暮らす人々にとって重要な意味合いを持つ「文化的な景観」である。

万博会場は、いわば世界に開かれたゲートでもある。大阪の人々は古来より、海に開かれた西の方角を意識しつつ、海外との交流や往来を行ってきた。遣隋使や遣唐使を見送った難波津の時代、南蛮貿易を盛んに行った中世、港湾の近代化を経て大阪商船などが世界各地と商都を連絡した近代、いずれの時代も大阪の人たちは、西の方角に出向き、世界とつながりを持った。

二〇二五年の大阪・関西万博の会場となる夢洲も、市街地の西端にある。世界に通じる新たなゲートウェイとなることが期待されるゆえんである。

一人一人が異なる体験を可能に

二〇二五年日本国際博覧会では、会場の計画や運営にあっても、次世代の技術が実装されることになるだろう。演出に際しては、従来にない夜間景観も重要である。水面を残した南側の区画などでも、噴水やライティングを活用した最新のエンターテインメントなど、様々な楽しみが提供されることになるだろう。

会場内で提供される経験も、これまでとは異なるものとなる。従来のイベントは、誰もが同じ情報を受ける場であった。しかし二〇二五年の万博では、最新技術を応用することで、二八〇〇万人と想定される入場者が、二八〇〇万通りの体験を可能とするプログラミングが用意されることになるはずだ。

会場の警備や案内にも、ロボットやAIが応用されることになるだろう。誘致段階のプレゼンテーションで用いられた映像では、迷子を顔認証で識別するロボットが登場、探している親の元に連れてゆく様子がCGで描かれていた。

課題とされるのが、会場へのアクセス手段である。計画段階では、会場となる夢洲までの大阪メトロ中央線の延伸と、此花大橋および夢舞大橋道路の拡幅が想定されている。さらに会期中の一時的な輸送需要の増加に対応するため、大阪市内主要駅や会場外に用意された駐車場からのシャトルバス運行が不可欠になると思われる。加えて自動走行システム導入による道路の有効活用、開催期間の時差通勤、徒歩・自転車によるアクセスなどが検討課題となっている。

また海上アクセスや、ヘリコプター航空アクセスの導入も必要だろう。咲洲、舞洲のほか、より都心に近い港からのシャトルシップのほか、関西空港、神戸など近隣からの舟運も事業化されることになるだろう。さらにいえば夢洲の船着場の整備、また船着場からゲートへの島内の移動手段も検討されなければならない。

第7章 二〇二五年大阪・関西万博と未来の電気事業

1

二〇二五年へのチャレンジ

万国博が常に数年後の未来を見せる場であった、というのは一九世紀から変わらないが、二〇二五年の大阪・関西万博をスコープに、新しい技術やその魅せ方にチャレンジする動きが出始めている。

現在、最も注目を集めるイノベーションの一つはモビリティー分野だが、既に実用化し、普及段階に入っている電気自動車や無線給電、リニアモーターカーと違って、われわれが日頃目にできないものに飛行の電化がある。いくつかのベンチャー企業や既存航空機メーカーがこの技術に挑戦しているが、その一つが2012年に設立された有志団体「CARTIVATOR」である。この団体は正式には「電動垂直離着陸型無操縦者航空機」という二人乗りの「空飛ぶクルマ」を開発している。

二〇一八年一二月に無人機の屋外飛行試験を成功させ、現在は有人機による飛行試験を行っており、二〇二〇年夏のデモフライトを予定している。すでに、事業化会社「SkyDrive」を設立しており、二〇二三年の発売を目指している。製品の特徴は電動化、完全自律の自動操縦、垂直離着陸であり、都市部の混雑解消はもちろん、離島や山間部の新たな移動手段、災害時の救急輸送などが期待されている。もしも二〇二五年の大阪・関西万博の会場で見ることができれば来場者は「空飛ぶクルマ」の時代を世界に先駆けて実感することとなろう。

一方で、大学の活動ぶりをみよう。大阪・関西万博の地元である大阪大学大学院工学研究科のビジネスエンジニアリング専攻では、専攻の発足当初から一年間、学生たちが継続的に研究活動に取り組み、成果を取りまとめて発表・提言する「ビジネスエンジニアリング演習」という教育を行っているが、二〇一八年春「二〇五〇年の未来技術を夢洲万博でどう見せるか」というテーマに取り組みはじめたチームがあった（担当＝石田文章・西村陽両招聘教授、加賀有津子教授）。

このチームのスコープはＶＲ（仮想現実）、ＡＲ（拡張現実）、あるいはＩoＴ（モノのインターネット）のような最先端技術で何を見せていくかであり、現状の技術でもゴーグルとセンサーをつけた状態であれば、ＡＩ技術と組み合わせて好きな女優やアイドルとの会話や触れ合い（触覚）を楽しむことさえ困難ではない。また、ロボット技術とＡＩを組み合わせれば一人一人に合わせて社交ダンスを教えるＡＩ教師や会話を楽しむ飲みロボなど、試行錯誤を重ねた上でこのチームが行きついたのは「エイジングの意味（人生を問い直し、良い形で年をとろう）」というコンセプト提案であった。自分の若い頃を振り返り、亡くなった親族に会えたり、懐かしい町を体験できる、あるいは自分の未来を体験できるという形で最新技術が生かされ、それはこれから高齢化していくアジア地域をはじめ、世界のどの国の人にとっても意味ある展示となる。

大阪大学ではこのチームの成果を万博プロジェクトとして拡張し、会場の不可欠設備であるトイレをＬＧＢＴの人も使いやすくする、レガシーとしてゴミ箱を残す、来場者全員に健康アプリを持ってもらう、最先端の医療に役立つデータを来場者の許可をもらって集積、活用していくといった提案を二〇二五年日本国際博覧会協会に行った。

地元経済界の構想から大阪商工会議所の提案を見てみよう。ここでは先端医療のショーケースとしてアンチエイジングドック、疾患予防ドック、健康メニューが提供される健康レストランを政府館で展開し、ＶＲやロボットを導入した若返りと健康増進プログラムが体験できるスポーツクラブを設置するなど、展示になりにくい健康・医療をエンターテインメントとして見せることとしている。展示企画としては粗削りだが、万博閉幕後も先端医療を牽引する医療システムとして運営し、そのシステムの輸出モデルを作る、といった大阪商工会議所らしい思いも含まれている。

次に、万博会場を「未来都市」の核とするため、未来仕様の都市設計とインフラ整備も提案している。基本は電気をはじめとする道路や水道などの物理的な都市インフラと、横断的なデータ連携というデジタルインフラを組み合わせることであり、そのために通信基盤やセンサー、その他のデバイスを物理インフラに埋め込むことが必要になる。その上で、会場をデジタル化実験地区として様々な企業の参加によるオープン・プラットフォームを形成すれば海外展開も可能となる。この大阪商工会議所の提案にある「次のビジネスにつながる何かを目指したい」という考え方は、1900年代前半の米国での博覧会でのゼネラル・モーターズ、デュポンをはじめとする大企業の考え方に近いものがある。二〇二〇年代の大イノベーション期にも匹敵するクラウド、IoT、データの大革新期を迎えている現在、万博がもう一度企業の成長、新技術の飛躍の場となる可能性も大いにあるのだ。

2

二〇二五年の電気事業

一方、二〇二五年の大阪・関西万博を迎える時期に向けて、電気事業や電気自体はどのような姿になっていくのか。とりわけ世界共通の潮流である電力デジタル革命の本質、分散化の拡大とそれらを取り込んだハイブリッド型モデルの在り方などについて、二つの視点から前提となる条件を整理共有しておく必要があろう。

一点目は、電気事業を取り巻く外部のマクロ環境の変化である。ここ数年（特に東日本大震災以降）、情勢変化のスピードは格段に速くなった。人口と需要が減る中で再生エネルギーの大量導入、エネルギー資源の分散化と需要の偏在化、さらには自由化による小売競争激化などを背景に、これまで最大需要に合わせて供給設備を作ってきた資本集約型ビジネスから、需要家側資源の分散化とそれに伴う潮流管理の複雑化、制御技術の高度化によるプレーヤーの多様化などを取り込んだ、新しい事業モデルの模索が続いている。

二点目は、内部環境としての電気事業の制度改革である。今後、電気の価値は、これまでの電力量（キロワット時）としてだけでなく、国全体で必要となる電気の供給力（キロワット）、ゲートクローズ後の需給ギャップの補填や周波数維持のための調整力（⊿キロワット）、さらには非化石電源で発電された電気に対する環境価値など多様化し、それぞれが市場で取引されることになる。大阪・関西万博が開催される二〇二五年は、おおむねこうした制度設計も終わり取引も進んでいる頃であり、資源の多様化と価値の多様化という複雑さを内包しつつも、わが国の新たな電気事業のモデルとしては一つの「完成の年」を迎えているに違いない。

さらに電気事業に対するデジタル化の影響も大きい。一九八〇年代に半導体素子を中心とするマイクロエレクトロニクスの時代が到来して以来、万博では、その時点での先端技術を盛り込んだＡＩによる翻訳ロボット、ＩＣＴチップによる自動データ交換、無線センサー検知セキュリティー、参加者とシンクロした３Ｄ映像演出などが花形であり続けたが、さらに二〇一〇年代以降はあらゆる産業が「デジタル・ボルテックス（デジタルの渦）」にのみ込まれ、これは「電力デジタル革命」と表現される。「革命」という強い言葉がしばしば使われるのは、その応用範囲と事業の構造自体へのインパクトの大きなゆえである。

電力設備の管理や運用に使われるデータはスマートメーターとＩｏＴの普及で飛躍的に増

今後は電気の価値が多様化して各市場で取引される

電源などの価値	取引される価値（商品）	取引される市場
電力量【キロワット時価値】	実際に発電された電気	卸電力市場
容量（供給力）【キロワット価値】	発電することができる能力	容量市場
調整力【⊿キロワット価値】	短期間で需給調整できる能力	調整力公募→需給調整市場
その他【非化石価値など】	非化石電源で発電された電気に付随する環境価値	非化石価値取引市場

え、処理能力や分析するツールも機械学習・深層学習の発展で指数関数的に能力拡大している。さらに、既にVPP実証で登場している蓄電池や電気自動車といった分散リソースの活用についてもより高速で効率的な使い方も可能になる。さらに機械代替による電気事業に働く人の確保、個人対個人（P2P）のような新しい取引スタイルへの対応もデジタル技術をベースに展開されていくことになる。

それでは、電気事業の世界でデジタル化が進んだ結果、例えば電気事業の仕事のほとんどがAIに取って代わられるような時代はやってくるのだろうか。世界経済フォーラムによれば、デジタル技術による電力業界の利益創出額は、世界全体で年間約一五兆円のポテンシャルがあり、また電力会社が今後一〇年間で生み出す利益総額のうち、約四五％にデジタル技術が貢献するとされている。一方でその内訳としては、約一五兆円のうち一〇兆円、つまりおよそ七割が、設備のライフサイクル管理の高度化やネットワークの最適利用といういわゆる既存事業領域のオペレーション改善によるものだという。このことは、電力会社に身を置く者には実感のあるところだろう。もちろん電気事業は設備投資の効率化余地が大きく出やすい側面はあるが、近年では需要側設備の高度化や分散化に伴って、潮流管理の複雑さ・短サイクル化が急速に進んでおり、まさに需要予測から供給システム運用、トレーディング入札に至るまで、大量のデータ読み取りや最適制御についてデジタル技術の貢献が大いに期待され、開発が進んでいるところである。また、稼働データ分析による設備運用コストの最適化、センサーを活用した劣化診断の高度化、ドローンによる遠隔監視など挙げればきりがないが、若手の人材不足も懸念される中、省力化と安全確保の両面から、これまで人手で対応してきた各種オペレーションの自動化も急速に進んでいる。

では、電気事業でこうしたデジタル革命がどこまで進むのだろうか。機械学習の普及が現実味を帯び始めていることから、いずれシンギュラリティー（技術的特異点）を迎え、ある時点でＡＩが人間の知能を超えるともいわれている。しかし過去を振り返っても、トラクターしかりＡＴＭしかり、機械が人間の仕事を奪うといわれた時代は繰り返されてきた。電気事業においても、既に人手による業務の自動化や省力化は進んでおり、今後は並行して新事業開発や高付加価値領域へと人と資源がシフトしていくであろう。「一〇〇年前の私たちが今の仕事を言い当てることはできないし、人が存在する限り、仕事は減らない」（デイビッド・オットー・マサチューセッツ工科大学エコノミスト）のである。

今後の電気事業と電力システムにとって非常に重要になる需要側資源（DER＝Distributed Energy Resource）について電化史的な視点も含めて見てみたい。

需要側資源とは、すなわち電気のユーザー側に置かれた発電機（太陽光のような再生可能エネルギーを含む）、蓄電池、電気自動車（EV）、といった電気の出し入れができる機器、あるいは電気利用機器の中で使い方についてある程度の時間別制御（デマンド・レスポンス＝DR）ができるものであるが、これらは電気の使い方の長い歴史の中でどのように位置づけられるものだろうか。

電気の利用が始まった頃、多くの発電機は自家発電として始まった。例えば大阪で初めて電気を導入した大阪紡績（大阪市大正区）は紡績工場の自家発電であり、そこから地産地消型の電灯事業、ネットワーク型の電力システムへと発展することとなった。ただその後の電力システムは基本的に供給側の規模の経済（大きな設備だと供給コストが安くなる）、ネットワークの多重化、需要側に合わせた供給柔軟性（需要に合わせた変動できる能力の充実）を原則として充実されてきた。すなわち、今日の電力システムがほぼ完成した一九二〇年代から近年までの約一〇〇年間、電気のユーザーは電気をただ「使う」存在であり、あくまでサービスの「受け手」であったことになる。これに対してDERとは、そうしたユーザーの歴史が転換することを意味する。ある意味初期の電気に戻り、DERが「再登場」するのである。

送配電ネットワークの未来図

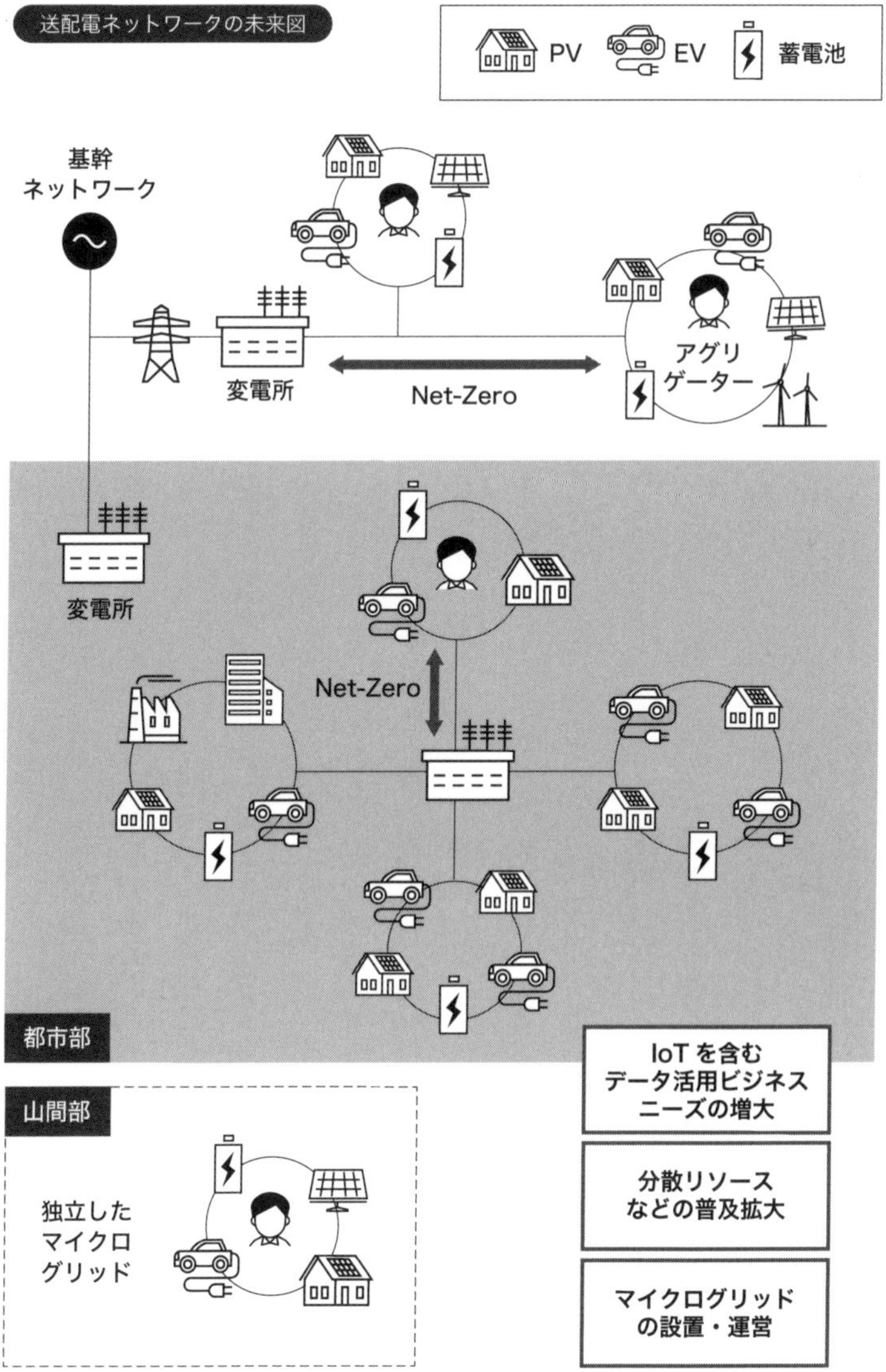

DER活用の一つであり、日本では調整力I'（イチダッシュ）と呼ばれるDRを例に考えてみよう。DRは、長い間電力システムが持っていた「需要が変動し、供給の柔軟性がそれに合わせる」という原則を変えるある意味革命的な仕組みである。二〇〇〇年以降の自由化時代に余剰供給力が必然的になくなっていく中で、DRは全世界的に広がりを見せている。DRは、電気の使い手、電気の便益を受けていた側が電気の送り手と同じ立場に立つ、いわば需給の立場の融合であり、これは自家発電と違って電気の創生期、つまりエジソンやテスラの時代にはまったくなかったハイブリッドな電気の登場であろう。

他のDERである分散型発電、蓄電池、電気自動車を含めて、電気利用はハイブリッド時代への歴史の転換点にいると言えるのではないだろうか。

一方、風力をはじめとする再生可能エネルギー発電の大量導入が進む欧州でのDER活用はもっと広範にわたり、かつ先進的である。現在英国や大陸欧州では、風力と太陽光によって不安定化する配電ネットワークを安定させるために、配電ネットワークにある蓄電池や電気自動車、大型・小型の発電機、空調機、指令によって需要削減できるDR（デマンド・レスポンス）を募集し、買い手である配電会社などとのマッチングを行っている。こうした配電レベルのDER活用と系統全体の周波数調整力を合わせて欧州では「フレキシビリティー」と呼んでいるが、再生可能エネが入れば入るほど全体とエリアでのフレキシビリティーが必要になり、電気事業の将来にとってキーワードとなりつつある。さらに、今後の普及に期待が集まる電気自動車についても、フレキシビリティーとしての活用が必要になっている。電気自動車の蓄電池は家庭用の蓄電池よりも容量、貯電量とも大きく、充電スタンドも急速充電化によって大容量化していく。これは、大きなエネルギー貯蔵や供給能力が大量に出現する可能性を示しているが、逆に、同時にたくさん充電されれば瞬間的にネットワークを不安定にするリスクもある。欧州では既に配電ネットワークのリクエストに従って特定の時間に「充電しない」という一種のフレキシビリティーが取引されている例があるが、さらにこれを発展させて配電ネットワーク内の不安定化に対抗して電気をネットワークに放電すること（V2G）、あるいは電気自動車の走行情報と組み合わせた非常時・災害時の「動く電池」としての活用などにも期待がかかっている。フレキシビリティーの登場は、長い間火力・水力機に頼ってきた安定供給手段の分散化なのである。

3 脱炭素社会への道

万博は、いつの時代も、人々が思い描く未来社会の理想像を形にすることに力を注いできた。ただ、そうした夢あふれるライフスタイルは、それらを支える社会基盤や自然環境なくしては成り立たないものである。万博において、人間と自然との共生は長い間の一貫したテーマであり、技術博であったつくば科学博や園芸博であった花と緑の博覧会でさえ、技術進歩や文明と自然、生物の関わり方が主なテーマであったといってもいい。当然ながら一九九二年にリオデジャネイロで開催された地球サミットで国連気候変動枠組条約が採択し、温暖化問題が様々な利害関係の対立がありながらも世界共通の課題として認識された以降の万博や大規模な国際博覧会（愛・地球博、上海博、麗水博、アスタナ博、ミラノ博）においては、地球温暖化問題が常に主張の中核となってきた。そして地球温暖化問題の中心である二酸化炭素

（CO_2）排出抑制について考える上で、エネルギーは重要な要素である。人間活動によるCO$_2$排出はそのほとんどは生産、移動などのための化石燃料の酸化（燃焼）によって現れる。その中には当然電気を作り出すための燃料燃焼も含まれることになり、多くのユーザーのために二次エネルギーである電気を生産している電気事業者（発電事業者）はそれぞれの国・地域の排出の相当部分を占め、かつ個別のCO_2排出者に対策を打つよりも集中して対処する（電源の低炭素化）ことが可能、といういわば「低炭素化のリーダー」の資質を持つことになる。

国際的な枠組みとして機能しているパリ協定は、世界全体の平均気温の上昇を工業化以前よりも二度高い水準を十分に下回るものに抑えるとともに、一・五度高い水準までに制限するための努力を継続することを定めている。気候変動に関する政府間パネル（IPCC）の報告書によれば、一・五度に抑えるためには、人間活動によるCO_2排出量を二〇五〇年前後に実質的にゼロに抑える必要があるとされており、そのためには先進国については極めて急進的な低炭素化、すなわち日本を含む先進諸国が目標としている五〇年前後で、現状から八〇%削減するといった荒業が必要になる。その時、電気文明はどのような姿をしていて、低炭素化のリーダーである電気事業には何が要求されるのだろうか。

そのヒントは過去の万博から見つけることができる。ネットワークと同期システムを使った現在の電気供給システムの万博での利用は、一八九三年のシカゴ万博から始まり、この年はニコラ・テスラが作り上げた三相交流システムが徐々に拡大していく初期にあたる。以降、回転機による同期アーキテクチャという電力供給システム自体は、この時から原則としては変わっていない。電気の技術は一〇〇年以上、テスラを超えることはできなかったし、超える必要もなかった。電気の専門家が「発電の八〇％が二酸化炭素（CO_2）フリー電源」といった地球温暖化関係者の主張や将来像を聞く時、「それで電気が使えればね」と、ともすれば冷ややかに聞くのは、現在の回転機による同期アーキテクチャがそれほど絶対的なものだと知っているからである。実際、現在の電力系統にある回転発電機にはイナーシャ（復元力）と呼ばれる不安定化した時の系統維持のための回復力が備わっており、回転発電機以外の比率がどこまで大きくなっても安定的に維持できるのかは、工学的にも経験的にもいまだはっきりしていない。

しかしながら、二〇一五年九月に国連総会で採択された「持続可能な開発のための二〇三〇アジェンダ」に記載された「持続可能な開発目標（SDGs）」においても、気候変動は重要な課題として挙げられているほか、金融分野においても、環境・社会・企業統治を重視するESG投資の動きが急速に広がっている。化石燃料、とりわけ石炭火力に関する投資資金の引き上げの動きも広がりつつある。これに対しては、まずかつての万博において人類の希望であった原子力の復活と次世代炉を含むイノベーションが求められるとともに、CO_2の分離回収・貯留（CCS）のような石炭のゼロカーボン化技術への取り組みが期待される。それでも回転発電機の中で最も優れた経済性を持つ石炭火力や唯一のゼロ炭素回転機である原子力発電をも排除するなら、「テスラ超え」が求められることになる。現在再生可能エネルギー電源だけの自立グリッドや電力ネットワークに頼らないオフグリッドの実証もわが国が先導して進みつつあるが、これが二〇五〇年の低炭素電気の先駆けとなるかどうか、まさに電気のイノベーションの新しいルネサンスが求められているのだ。

再生可能エネルギーの歩みも振り返っておこう。かつて自然エネルギーといわれていたこの発電の歴史は実は古い。日本の場合、一九七三年の第一次石油危機を受けて、一九七四年に工業技術院によって計画されたサンシャイン計画では四四〇〇億円が投じられ、太陽熱発電、地熱利用、水素エネルギーの開発が行われた。さらに、一九九三年にはニューサンシャイン計画に引き継がれた。一九九〇年代に入っても、例えば今日の代表的な再生可能エネルギーである太陽光発電は、まだまだ価格の高いマイナー機器であったが、それが世界的に実利用レベルまでコスト革新したのは主に日本企業の技術力によるものだった。特に太陽光発電でのパワーコンディショナー（PCS）の価格革新や、地熱発電での蒸気タービンの改良は日本の手によるものである。現在、欧州においては風力発電、低緯度地域では太陽光発電を中心に再生可能エネルギーは電力供給の中で大きなウエートを占めつつある。これは低炭素化への大きな挑戦であると同時に、ＤＥＲ活用やＩoＴ、さらには蓄電池や電気自動車のような新技術による系統安定化イノベーションの始まりでもある。

一方、日本では、再生可能エネルギー導入の唯一の推進力であったＦＩＴ（固定価格買取制度）が二〇二〇年に終了し、国民に負担を強制する制度から、市民や企業が自ら環境価値を選択し、育てる時代が始まる。必ずしも太陽光・風力の適地とはいえない日本だが、十分に太陽光パネルやＰＣＳの価格革新が進めば、グローバルなＲＥ一〇〇やＳＤＧｓ（持続可能な開発目標）、ＥＳＧ（環境、社会、企業統治）の時代にあって日本発の環境価値コミュニティーや世界の中でのリーダーシップも期待できる。再生可能エネもまた電気の未来の重要な要素なのである。

また、脱炭素社会をエネルギー利用面から支えるのが「超電化社会」の実現である。二〇一九年、カリフォルニア州バークレー市がガス機器の販売や設置を禁止にして話題となったが、それは極端としても電気シフトの動きが世界的に広がることは間違いなく、その先端にいるのが日本である。既に二〇〇〇年からの二〇年間、日本の「電化」は目覚ましい進展を遂げており、熱分野では二〇〇一年に商品化された電気式給湯機「エコキュート」は二〇一八年に累計出荷台数六〇〇万台、一九九五年に市場投入されたＩＨクッキングヒーターは二〇一六年に累計出荷台数一一〇〇万台を突破して、ガス給湯機、ガスコンロを代替してきている。これは脱炭素というよりガス機器よりもヒートポンプやＩＨの方が安全性のイノベーションが早い、という絶対的な差のためである。同じ理由で、現在はボイラーなどが使われることが多い工場などの燃焼系プロセスにおいても、高効率な電気式ヒートポンプの活用が進んでいる。現在のヒートポンプは一〇〇度以上の高温帯の熱需要への対応に弱点を持つが、イノベーションの加速はその得意領域をより高温帯へと広げている。多くのエネルギー研究者が予測しているように、今後二〇年の間に、生活の中で燃焼する炎を見る機会は格段に減っていくだろう。さらにヒトやモノの移動においても、電化が進展していくことは必至である。ガソリン車の大半は電動車へと置き換わり、電気で動く自動運転車を社会全体でシェアする世界が拡大する。それらのクルマは例えば、「走行中に」「道路から」といった形でワイヤレスなシステムにより給電され、現在のような充電器は姿を消すことになる。また、運転が不要となるため、クルマは「移動する部屋」化し、クルマの中では様々な電気機器が利用されることになるだろう。その一方で、ＶＲ（仮想現実）技術が格段に進化し、移動の必要性自体が無くなってしまう可能性もある。

飛行機に乗っての海外旅行は自宅でのバーチャル海外旅行へと変化し、ガソリン消費による「移動」が電力消費による「ＵＸ」（ユーザー・エクスペリエンス）へとシフトする動きが加速するのではないかと考えられる。すべてがバーチャル化するというのは極端にしても、現実とバーチャルのハイブリッドな世界へと電気が人々を誘うのである。

こうした超電化社会の入り口である二〇三〇年時点での日本の電力供給のあり方については、二〇一八年に政府が策定した「エネルギー基本計画」において、原子力二〇～二二%、再生可能エネルギー二二～二四%といった割合が示されている。特に再生可能エネネについては「主力電源化」を目指す方向性が示されていることから、変動性を持つ再エネと電力ネットワークの安定性をどう両立していくかが課題となる。一方、原子力発電や火力発電についても今後、安全性や発電効率の向上、温室効果ガスの排出抑制に向けた技術の進展が期待されており、現在とは形を変えている可能性はあるものの、二〇四〇年時点においても大きな役割を果たしていると思われる。現時点において、この「エネルギー基本計画」の実現に向けた道筋は具体的になっていないものの、世界のエネルギー革新のリーダーとして、日本の電気・電化文化がそれを牽引していかなければならないことは言うまでもない。

4

二〇五〇年の電気と社会

万博からさらに未来を考えてみよう。二〇二五年大阪・関西万博から二五年後の五〇年を考えると電気の可能性は果てしなく広がる。人工知能（AI）は、掃除・洗濯・調理といった家事から、農業・漁業・製造・販売サービスなどの全産業、生活に密着した医療、介護、学校の分野まで圧倒的に存在感を高めていく。また、ロボットをはじめ現在期待されているメカニックは、データ、IoT（モノのインターネット）技術と融合して開花期を迎える。その時代がどのように変貌を遂げているのか、分野別に考えてみよう。

まず未来の「移動」手段に関しては、いろいろなアニメやSF小説で、夢のような乗り物が登場している。真っ先に思い付くのは、ドラえもんの「どこでもドア」と、宇宙戦艦ヤマトの「ワープ航法」である。これらは未来永劫現実化しないと思われがちだが、「ワープ航法」は、一九〇五年に発表された特殊相対性理論に基づいて考えられており、距離の離れた二点の空間をゆがめて近くまで寄せることで、一瞬のうちに移動するというものである。具体的には、ものすごい重力で光さえ吸い込んでしまうブラックホールがあるのなら、同様な力で吐き出す「ホワイトホール」もあるはずだ、という理論の下、ブラックホールとホワイトホールをつないだ「ワームホール」というトンネルを潜れば、「ワープ航法」が可能というものだ。この理論、つまり、行きたい場所と現在の所在地との空間を簡易な機械でゆがめることができるのなら、巨大なエネルギーが使える前提で「どこでもドア」も理論上は実現可能になる。ただし、光さえ壊れてしまうほどの力があるとされているブラックホールには、潜る前に壊されてしまうため、「負のエネルギーを持つ物質」をワームホールに入れなければならず、この「負のエネルギーを持つ物質」が発見されなければならないが、発見されれば、実現への道が開けるということになる。

ドラえもんは二二世紀、宇宙戦艦ヤマトは二一九九年の時代設定。五〇年後にこれらが実現されているとは想像し難いが、どんな段階に至っているのか、楽しみである。

また、確実視されるものに「ハイパーループ」がある。時速一二〇〇キロメートルで鉄製の筒の中を走るというアルミニウム製の乗り物で、ロサンゼルスとニューヨーク間をわずか三〇分で移動する計画まで策定されたことがある。現代工学的に材料の耐性等の課題に対処する新技術も考案されつつあり、仮に時速五〇〇〇キロメートルで走る「ハイパーループ・ネットワーク」が、世界中に張り巡らされたとしよう。世界経済の中心となったニューデリーと東京間は、わずか一時間と、通勤可能エリアとなる。それは、国や地域の枠組みを超えて、人やモノが行き交う時代を導く。ハワイに住んで、東京で働き、週末は北極圏でオーロラ観測に旅行といったライフスタイルを可能にさせる。かつて、「愛・地球博」で示された「地球大交流祭」が超短時間で出現することになるのだ。

一方、身近な移動手段である自動車は、五〇年後には、クルマだったものは電気自動車、電池すら持たない無線給電型の移動体、あるいはもっとパーソナルなものに置き換わっていると考えられる。仮に再生可能エネルギー（CO_2排出ゼロ電源）が一〇〇％に本当になるなら、ゼロエミッション・モビリティーの時代が来るのだ。さらに、近年大きな課題となっている災害対応についても、未来モビリティーは解決策となる。二〇一九年秋の東日本の水害では、自動車の中で亡くなった方も多かったが、そもそも災害対応として浮体移動、エネルギー供給持続、水循環・食料備蓄、トイレ機能、ドローン発着などを兼ね備えた移動体があれば事態は違っている。水害やエネルギー途絶に強い「シェルターとしてのクルマ」が家族やコミュニティーを守る、という言わば「未来のノアの方舟」が生まれるのだろうか。

地球全体が先進国・途上国にかかわらず高齢化していく二〇五〇年、もっともイノベーションが期待される分野が医療・健康であり、もちろん電気の利用技術の向上の一つである。健康サポート分野については、現在のウェアラブルがより進化し、体内や衣服の繊維に織り込まれたセンサーとチップが心拍数や血液成分、脳波の状態などの健康状態を測定し、それらのデータを健康管理センターに常に伝送、二四時間モニターされる。不足あるいは過剰摂取している栄養素が示されたり、異常が認められると警告が発せられたり、そうしたより健康に配慮したサービスが生まれているかもしれない。不摂生な生活が許されない社会の到来だ。医療においても、進歩は確実で、スカイプやＬＩＮＥなどのビデオ電話やスマートフォンを活用したウェブ診察、医療の宅配も可能になる。患者の目の前に架空の等身大のドクターが現れ自宅で診察が行えるレベルに達しているかもしれない。また内視鏡手術の登場以降、成功確率が大きく改善した手術医療も、マイクロ化して〇・一～一〇〇ナノメートル程の超小型ナノマシンが活用されるようになっているだろう。ナノマシンを体内に入れ、病気になる可能性のある場所を特定し、修復する。あるいはがんの芽を切断、もしくは薬の投与で発生を抑制することや、脳梗塞や脳血栓の芽を摘み取る。これらの病気も飛躍的に減少するのは確実である。当然、現在のダ・ビンチが飛躍的に進歩した手術ロボットが活躍していることになる。五〇年後に完全なＡＩ化はしていなくても、、医師が三次元のバーチャル患者に対し模擬手術を行い、実際はロボットが執刀する、という現在のドラマに出てくるようなＡＩ医療の時代が近づいているかもしれない。

本章の締めくくりとして、電気事業そのものの姿について推察してみる。当然、少なくとも部分的には現代の電力システムと全く違う世界となるはずだ。新しい発電所は、地球上からなくなり、宇宙に打ち上げた太陽光発電所から、二四時間無線伝送で地球の各家庭や企業に送られるものも現れる。再生可能エネルギーが中心となった発電所の運営は、すべてロボットが地球上から遠隔操作、もしくは様々な経験と知見を有したロボット制御となる。送配電管理も同様であり、事前に弱くなっている部位を見つけ出し、修復するプレディクティブ・メンテナンスが前提となる。

電気の安全・安定供給を担う現在の電気事業者の役割も変わる。超電化社会の中で、電気の供給システムは一九世紀にテスラによって発明された交流ネットワークと、二一世紀に入ってから発達し、イノベーションが加速した再生可能エネルギー、蓄電池等による分散型システムの少なくともハイブリッドのシステム、場合によっては分散型が主体で交流ネットワークがサブシステムといった構造になる。それらを守り制御するのはロボット、ＩｏＴ（モノのインターネット）、人工知能（ＡＩ）技術で、エネルギーを送る方法も有線・無線を組み合わせていく。情報通信のような複数システムの組み合わせとなる。現在電力ネットワークを悩ませている災害時の対応も、自立グリッド・オフグリッドの実現で、エネルギーに関する限り飛躍的にレジリエンスが高まることとなろう。

しかしながら、電力システム全体がいかにＡＩをはじめとする次世代技術に委ねられようともＡＩに付与される能力、情報、因果関係は、これまで、電気事業が安全安定供給を通じて積み重ねてきた、あるいはこれから積み重ねるであろう経験や知恵に基づくことに変わりはない。その上でＡＩ・ロボット・ドローンといった未来技術をどう融合し生かしていくか、電気事業者の真価が問われるのではないだろうか。

終章

1

本書では、一九世紀から二〇世紀、さらに二一世紀まで、三世紀をまたがって世界の各地で開催された万国博覧会の概要について、イベント会場で示された電化に関わる最新技術や、電化に依拠するライフスタイルや社会の変容に注目しつつ論じてきた。

文明の所産である国際博覧会は、常に「新しい時代」のモデルを示す機会である。その会場は、同時代の世界の縮図を示すと同時に、近未来の実験場という役割を担う。私たちが「電気に依拠した文明」を構築する過程にあって、博覧会場には「電化に依存した社会」のモデルが常に示されてきた。

近年、産業社会の発展とそれに伴う社会構造の変革に関して、第一次から第四次の産業革命を時代の節目として説明する試みがある。序論でも述べたように、国際博覧会も、産業革命の進捗とともに変化を余儀なくされる。

そもそも国際博覧会は、第一次産業革命と連動して成立した。第一次産業革命による工業化は、英国にあって先行した。蒸気機関の開発による動力の刷新、製鉄業の発展、綿織物の製造における技術革新などが進捗し、工場制機械工業が成立した。また蒸気動力の船舶や鉄道への応用によって、交通革命も同時に進行する。その後、一八世紀から一九世紀にかけて、欧州各国から米国、さらには世界中に普及した。

博覧会は、それ自体が蒸気機関によって支えられた工業化の所産であったと言い換えてもよい。この時期にあって、電気関連の発明品では、まず照明が注目される。産業革命ののち、労働者が夜間も勤務して工場の稼働率をあげるべく、作業用照明への期待が集まった。エジソンの白熱電球が話題となったのは、一八八二年のパリ国際電気博覧会のことだ。

電気を動力とする発明品も、博覧会で注目される。一八七九年のベルリン勧業博覧会の際、ジーメンス社の直流電気機関車が運転された。電信や電話などの通信関係、音響に関する発明も、博覧会を通じて人々が知ることになる。グラハム・ベルは一八七六年のフィラデルフィア万博で、電話のデモンストレーションを実施した。エジソンは「フォノグラフ（蓄音機）」を一八八九年の第四回パリ万博に出展、エッフェル塔に次ぐ集客を数えるほどの人気をとったという。

2

第二次産業革命は、一八七〇年代から第一次世界大戦直前、一九一四年までに起こったものとみなされる。従来の工業に加えて、鋼鉄、石油関連、電気関連といった新たな産業が勃興する。電力の安定した供給を背景に、大量生産が可能になる。結果として、大量消費社会を誕生させた。

第二次産業革命の時期に開催された国際博覧会では、蒸気機関に取って代わって、電気に関する技術や製品が核心的な位置を占めるようになる。もっとも初期にあっては、電気は見世物、すなわちスペクタクルとして、人々の前に立ち現れた。

一八九三年のシカゴ博では、ついに電気が主役となる。約一二万球の電灯による圧倒的なイルミネーションが人々を楽しませた。開会式では大統領がボタンを押すと、発電機がまわし、会場内に電力を供給するという演出があった。

会場内の運河には電動ボートが往来、循環式の高架電車も運行した。埠頭には電車用モーターで稼働する「動く歩道」が敷設された。電気館にはゼネラル・エレクトリック（GE）が出展した「電気の塔（エジソンタワー）」や直流型発電機、ウェスティングハウス（WH）の交流型発電機が展示された。電動のエレベータも話題になった。

一九〇〇年のパリ博では、電気館が最大の話題となる。会場内には鏡と電気照明を組み合わせて別世界を見せる幻想宮、リュミエール社の映画、電話機、レントゲン装置などが人気を集めた。会場の周囲には木製ベルトによる延長三・六キロメートルの動く歩道が敷設された。

第三次産業革命を、どう位置付けるのかには諸説がある。二〇世紀後半のコンピューターの発達とICTの普及をブレイクスルーと捉える考え方が一般的である。高度情報化社会の到来が節目となる。

第三次産業革命が進行していた時期にあっては、万国博覧会もその様相を改める。一九六四年のニューヨーク世界博覧会では、フォード社が提供した自動運行交通システム「ピープルムーバー」や、ユニセフ館「イッツ・ア・スモールワールド」でウォルト・ディズニーが導入したロボットを駆使した「アニマトロニクス」など、新たな技術が拓く未来社会の可能性が示唆されていた。一九六七年のモントリオール万博や一九七〇年の大阪万博では、各館が巨大映像やマルチスクリーンを多用、発明品や物産を陳列する博覧会場を情報展示の場に改めた。

3

昨今、世界で議論がなされている第四次産業革命は、二〇一六年の世界経済フォーラムにおいて初めて使用された概念である。

サイバー空間とフィジカル空間との境界、生物と機械との境界を曖昧にする技術の融合を特徴とし、ＡＩ（人工知能）、ロボット工学、ブロックチェーン、ナノテクノロジー、量子コンピュータ、ライフサイエンス、ＩｏＴ（モノのインターネット）、３Ｄプリンター、自動運転車などの技術革新を経て、人間のコミュニケーションのあり方を革新することで達成されることになる。

第四次産業革命の概念が提示されるなかで、二〇二〇年秋の開会に向けて、ドバイ博の準備が進む。中東・アフリカで初めて開催される国際博覧会となるドバイ博は、「心を繋いで、未来を創る」をテーマに、二〇二〇年一〇月二〇日から二〇二一年四月一〇日までを会期として実施される。四三八ヘクタールの広大な会場に一九〇を超える国家や国際機関の参加が想定されている。

そのあとに続く国際博覧会が、大阪市内の夢洲を会場として準備されている二〇二五年日本国際博覧会である。「いのち輝く未来社会のデザイン」をテーマに、「大阪・関西万博」の愛称で呼ばれる。

大阪・関西万博が提示する「いのち輝く未来社会」とはどのようなものだろう。計画案では、誰もとり残されることなく、みずからの人生を充足できる社会が想定される。また博覧会の会場では、世界が共有するべきこの理念を実現した姿として、「Society5.0」（ソサエティ５・０）」のモデル都市を示すこととしている。

Society5.0は、第五期科学技術基本計画において、日本が目指すべき未来社会として定められたものだ。「狩猟社会（Society 1.0）」、「農耕社会（Society 2.0）」、「工業社会（Society3.0）」、「情報社会（Society4.0）」に続く、新たな社会のあり方を示すものと位置付けられる。

さらにSociety5.0は、サイバー空間（仮想空間）とフィジカル空間（現実空間）を高度に融合、すべての人と人、人とモノ、モノとモノとを繋げることで、事業と組織の効率性を改善することとされている。その実現には、ＩｏＴ（モノのインターネット）、ロボット、ＡＩ（人工知能）、ビッグデータといった先端技術に関する研究や技術開発の進展、すなわち第四次産業革命の達成が前提となる。

より具体的には、自動走行車や自動化されたドローンなどが普及することで生活の利便性は高まる。ロボット技術の応用によって、障害者や高齢者の日々の生活を支援する仕組みが発展する。自動翻訳が進展すれば、言語の障壁も越えて、世界各国の人たちと、誰もがコミュニケーションを取れることが可能になる。

ライフサイエンスの発展に応じて、医療の現場にあっても、従来にはない治療法が確立されることだろう。工場は自動化され、危険な現場での労働は、熟練工のスキルを移植したロボットに託され、事故なども軽減されることになるだろう。建築土木の分野でも、ＢＩＭ

(Building Information Modeling) やＣＩＭ (Civil Information Modeling)、あるいはi-Constructionの導入がすでに進められている。

Society 5.0によって、これまでの情報社会 (Society 4.0)」が抱えている課題、すなわち知識や情報が十分に共有されないことに起因する不具合が解決されることが期待されている。具体的には少子高齢化、地方の過疎化、貧富の格差など、今日の日本が直面している諸課題を克服することが望まれている。また従来の閉塞感を打破し、希望の持てる社会、世代を超えて互いに尊重し合える社会、一人一人が快適に暮らし、誰もが活躍できる社会の実現が期待されている。

Society 5.0にあっては、従来の「電化」の概念はさらに拡張されることになる。工業社会から情報社会へ転じる経緯にあって、私たちは電気への依存度を飛躍的に高めてきた。いまや電気がなくては、日々の生活が成り立たない。そこに私たちが構築した文明の本質がある。

国連の関連機関の予測では、二一世紀のうちに、世界各国が日本と同様に少子高齢化の時代を迎えるという。二〇二〇年代には中国が人口減少期に入り、インドが世界最大の人口を擁する大国になる。

インドネシアやベトナムなど、これからいわゆる「人口ボーナス」の時期を迎える国々も、やがて少子高齢化の段階に入る。急増している世界人口も、二〇五〇年代をめどに一〇〇億人を突破したあと、増加率はなだらかになる。二一世紀初頭に一〇九億人となって、ほぼ平衡状態となることが予測されている。そこにあっては世界各国が、従来の工業社会や情報社会を超えて、新たな社会システムを構築することになる。わが国がSociety 5.0を未来社会の理想として各国に提示することで、少子高齢化が進展する「課題先進国」と思われがちな日本が、「課題解決先進国」に転じる可能性があるのだ。

4

日本が示すこの新たな社会のモデルは、二〇二五年に開催が予定されている大阪・関西万博を契機として世界に広がることになる。会場では、様々な社会実験を行いながら、サイバー空間とフィジカル空間が融合することで達成されるSociety 5.0のモデルを会場に示すことが想定されている。その成果を市街地に実装することが、博覧会のなによりのレガシーとなることだろう。

現在、大阪・関西万博は、「準備」の段階に移行している。二〇一九年一月に、実施主体となる「二〇二五年日本国際博覧会協会」が設立された。官民の緊密な連携の下で、巨大プロジェクトが動きだしたかたちだ。

二〇一九年の春、経済産業省は一三二人の各分野の有識者を対象にヒアリングを重ねて、計画を具体化するワーキングを実施した。「都市と電化研究会」の代表である橋爪が、専門家からなるワーキングを取りまとめる役割を担い、報告書を取りまとめた。そこでは専門家の個別意見をすべて掲載しつつ、全体の総括として、大阪・関西万博が「新たな時代」の国際博覧会のモデルを示す機会であることが強調されている。

とりわけ国連が定める持続可能な開発に関する目標（SDGs）の達成に貢献するとともに、その先の指針を示す「SDGs＋beyond」に向けた博覧会とすることを説いている。また会場を、スマート社会の先を目指す「Society 5.0 実現型」の都市のモデルとすること、あるいは経済、社会、文化の各方面において万博を日本が飛躍する契機とすることの意義も主張した。

ワーキングの成果をも参照しつつ、開催の五年前までに博覧会国際事務局（BIE）への提出が求められている登録申請書が作成され、二〇一九年一二月二〇日に閣議決定がなされた。登録申請書は、誘致段階の案を精査、関連する法律や財政上の措置、博覧会の名称及びテーマ、会場計画や運営計画、レガシー、資金計画、広報やマーケティングなどを記載するものだ。この段階にあって誘致案からの修正がなされた。大きな変更点は、会期を二〇二五年四月一三日（日）から同一〇月一三日（月）と二週間ほど早めること、サブテーマを「Saving Lives（いのちを救う）」「Empowering Lives（いのちに力を与える）」「Connecting Lives（いのちをつなぐ）」とすることなどである。

日本が提出した登録申請書は、二〇二〇年度のBIE総会に議題として諮られる。そこで承認を得ることで、次の段階に進むことが可能となる。すなわち基本計画の立案に着手するとともに、各国や企業に対して出展の説明を行うことが可能となるのだ。

スケジュールを考えるならば、二〇二〇年に開催されるドバイ国際博覧会が、大阪・関西万博の計画を世界に伝える好機となる。会場内の日本館では、大阪・関西万博のプロモーションが行われることになる。大阪・関西万博に向けて日本が掲げる「いのち輝く未来社会」という理想を、各国の関係者に訴求しなければならない。

5

大阪・関西万博は、「新しい電化の時代」の到来を日本から世界に宣言する好機となることだろう。もっとも二〇二〇年のドバイ万博、二〇二五年の大阪・関西万博に続き、国際博覧会は、その後も世界各地で開催されることになる。

国際博覧会には、登録博覧会と認定博覧会の区分がある。前者は五年ごとに開催されることになっている。開催期間は半年間、参加国は原則、自費で展示館を建設することになる。大阪・関西万博に続く、登録博覧会は二〇三〇年の開催となる。

対して認定博覧会は、登録博覧会の中間に実施されるもので、期間は三カ月、主催国が展示館を作成し、各国に無償で貸与する。展示面積は二四万七五〇〇平方メートルを超えることができないと定められている。

大阪・関西万博に続く認定博覧会は、二〇二七年もしくは二〇二八年に開催されることになっている。二〇二一年に誘致に向けた立候補手続きが行われ二〇二二年に博覧会国際事務局(BIE)の投票が行われる予定だ。立候補する国は定まっていないが、インターネット上では、スイスのほか、米国ミネソタ州ミネアポリス市が会場の誘致を検討しているという情報がある。ミネアポリス市は、以前から「Wellness and well Being for All: Healthy People, Healthy Planet」をテーマとする国際博覧会の構想を練ってきた。「健やかな人々」と「健やかな地球」に資する「健康」を主題とした博覧会のアイデアである。

二〇三〇年の登録博覧会についても、早くも動きがある。二〇一〇年の上海世界博覧会に続く国際博覧会を中国が検討しているといわれている。具体的な構想は伝わってはこないが、上海世界博覧会の開催時に次の有力な開催地候補として名前が挙がったのが、浙江省寧波市と広東省広州市であったことは記憶に新しい。

既に具体的に誘致に向けて動きだしているのが、韓国政府である。二〇一九年、産業通商資源部が「二〇三〇釜山国際博覧会の開催および誘致推進計画案」を閣僚会議に報告、国家として誘致運動を行うことが確定したと報じられた。釜山広域市の提案を政府が受け入れたかたちだ。

釜山博の構想では、「人間・技術・文化―未来の合唱」を主題とし、三〇九ヘクタールほどの面積がある釜山北港再開発地区を会場に想定。事業費を約四六〇〇億円、半年間の入場者は五〇五〇万人、そのうち外国人一二七三万人という規模を見込んでいる。二〇二二年五月までに誘致申請書を提出、ＢＩＥ本部のあるパリに誘致専任チームを派遣するという。

二〇二五年の大阪・関西万博は、第四次産業革命が進行しているさなかに開催される国際博覧会であり、「新しい時代」の博覧会モデルを世界に示す好機である。大阪で提示されるモデルが、後に続く各国の博覧会にあって継承され、さらに発展されることを願ってやまない。

おわりに

本書を含む「にっぽん電化史」シリーズは、電気の歴史がともすれば供給者側から見たものしか記録されていないのではないか、という問題意識から「都市と電化研究会」が様々な電気にかかわる歴史を掘り起こし、語られていなかった側面も含めて光を当て、書き進めてきたものである。

発電所ができ、電気の使用量が増え、あるいは戦災や災害に遭い、復興し、また成長していく様子の多くはデータとして記録される。しかしながら、われわれが書きとめた記録は、決して発電設備や送配電設備、その供給者・経営者の記録ではなく、初めて見る電気に心を動かされて、様々な感情を持った受け手＝その時代の人々である。

本書が扱った一九世紀後半からの博覧会における電気のかかわりについても、まったく同じことがいえる。

われわれはパリでエッフェル塔を見て、地下鉄に乗り、大阪で太陽の塔を見て、東京ディズニーリゾートで「イッツ・ア・スモールワールド」に乗る。実はそれらが過去の博覧会のレガシーであることを、現代の人たちは何気なく見聞きすることもあるだろう。しかし、残念ながら当時の人々が万博をはじめとする博覧会で何を感じ、それがその後の世界にどんな影響を与えていったかは、レガシーとして残されたものや博覧会の数字的な記録だけでは、立体化して思い起こすことはできないのである。中でも一九世紀に実技術として産声をあげ、長期にわたり博覧会の主役級であり続けている電気とその関連技術は、人々の「驚き」「感動」「一人ひとりによる未来の予感」に直結するものであり、それらはちょっとした博覧会の記録の端々や、それを見た人の日記、雑誌記事に実にいきいきと書かれていたりする。それらを再構成し、時代背景や技術・社会の発展と合わせて解き起こすのがわれわれの仕事であった。

本書の執筆過程で感じたのは、電気の無限の可能性であり、そこには、世界のあらゆる属性、すなわち国・地域、性別、貧富、資源の有無などを飛び越え、人々に可能性をもたらす普遍性がある。

これまで国境を越えて文明を発展させ、女性の重い家事労働を劇的に軽減し、貧富の差なく便益を生みだし、汎用技術とその革新によって日本のような少資源国の経済的成功をもたらしてきた電気は、まさに万国博の理念の根本である「世界の良き発展」を象徴するものといえる。今この文章を書いている二〇二〇年春に世界が直面しつつある新型コロナウイルスの脅威にも、万国博から実医療に巣立った電子顕微鏡をはじめとする様々な電気の技術が人々の助けと支えになっている。

おりしも研究会メンバーが住み、活動の場としている大阪は、二〇二五年大阪・関西万博の開催都市として本格的な準備の時期に入ろうとしている。脱炭素社会への歩みの中で超電化社会と様々なデジタル技術革新が現れ、電気事業も根本的なスタイルチェンジに入ろうとしているこの時期の万博は、まさに未来文明を世界に示す場となる。その主役は言うまでもなく決して会場と展示を作る側だけでなく、万博に足を運び、何らかのインプレッションを受け、今後の社会を受け継ぐ人々である。その点で、本書を手に取るすべての人が希望に満ちた博覧会の歴史と電気の役割を感じ、大阪・関西万博の成功に向けた手掛かりとしていただければ幸いである。

都市と電化研究会副代表
大阪大学大学院工学研究科招聘教授
関西電力営業本部担当部長
西村　陽

本書は、二〇一九年三月七日付から一二月二七日付にかけて、電気新聞に連載した文章を、編者が再構成するとともに、全般的に加筆、修正しています。

●執筆者紹介

[編著者]

橋爪　紳也（はしづめ・しんや）

大阪府立大学研究推進機構特別教授、大阪府立大学観光産業戦略研究所長。大阪府特別顧問、大阪市特別顧問。イベント学会副会長、ＩＲゲーミング学会副会長。都市と電化研究会代表。都市計画学・建築史学・都市文化論専攻。工学博士。

一九六〇年大阪市生まれ。京都大学大学院工学研究科修士課程建築学専攻修了。大阪大学大学院工学研究科博士課程環境工学専攻修了。京都精華大学人文学部助教授、大阪市立大学都市研究プラザ教授、同大学院文学研究科教授などを経て現職。橋本峰雄賞、日本ディスプレイデザイン研究賞大賞、日本観光研究学会学会賞、日本都市計画学会石川賞、日本建築学会賞などを受賞。近著に『大阪万博の戦後史：EXPO'70から二〇二五年万博へ』（創元社）、『新・大阪モダン建築―戦後復興から（監修、共著・青幻舎）など。

[編著者]

西村　陽（にしむら・きよし）

大阪大学大学院工学研究科招聘教授、関西電力営業本部担当部長。都市と電化研究会副代表。公益事業学会理事。

一九八四年関西電力入社。一九九九年学習院大学経済学部特別客員教授などを経て、二〇一三年より現職。資源エネルギー庁次世代技術を活用した新たな電力プラットフォームの在り方研究会委員、ＥＲＡＢ検討委員、早稲田大学先進グリッド技術研究所招聘研究員、国際公共経済学会理事も務める。近著に『まるわかり電力デジタル革命キーワード２５０』『まるわかり電力システム改革２０２０年決定版』（いずれも共編著・日本電気協会新聞部刊）。

[著者]

尾崎　智子（おざき・ともこ）
関西福祉大学兼任講師

田中　勉（たなか・つとむ）
関西電力

松本　隆信（まつもと・たかのぶ）
関西電力

岡本　陽（おかもと・よう）
関西電力

小泉　正泰（こいずみ・まさやす）
関西電力

松塚　充弘（まつづか・みつひろ）
関西電力

●執筆分担

序　章……橋爪　紳也

第1章
- 1……西村　陽
- 2……田中　勉
- 3～4……松本　隆信
- 5……田中　勉
- Column 1……西村　陽

第2章
- 1……西村　陽
- 2……岡本　陽
- 3……尾崎　智子
- Column 2……西村　陽

第3章
- 1～5……橋爪　紳也
- 6……田中　勉
- 7……松塚　充弘
- 8……松本　隆信

第4章
- 1……田中　勉
- 2～4……西村　陽
- Column 3……西村　陽

第5章
- 1～3……橋爪　紳也
- 4……西村　陽、橋爪　紳也

第6章……橋爪　紳也

第7章
- 1……小泉　正泰、西村　陽
- 2～4……田中　勉、岡本　陽、西村　陽
- 4……松本　隆信、西村　陽

終　章……橋爪　紳也

にっぽん電化史4
万博《ばんぱく》と電気《でんき》
二〇二〇年三月一六日　初版第一刷発行

編著者
橋爪　紳也・西村　陽

著者
都市と電化研究会

発行者
新田　毅

発行所
一般社団法人日本電気協会新聞部
〒一〇〇－〇〇〇六
東京都千代田区有楽町一―七―一
TEL　〇三―三二一一―一五五五
FAX　〇三―三二一二―六一五五
https://www.denkishimbun.com

印刷・製本
音羽印刷株式会社

ブックデザイン
志岐デザイン事務所（山本　嗣也）

ISBN 978-4-905217-82-4 C0236

定価はカバーに表示してあります。